aruco

東京の
パン屋さん

aruco TOKYO BAKERY

こんどの休日も、
いつもと同じ、お決まりコース？

「みんな行くみたいだから」
「なんだか人気ありそうだから」
とりあえず押さえとこ。
でも、ホントにそれだけで、いいのかな？

やっと取れたお休みだもん。
どうせなら、いつもとはちょっと違う、
とっておきの1日にしたくない？

『aruco』は、そんなあなたの
「プチぼうけん」ごころを応援します！

❖ 女子スタッフ内でヒミツにしておきたかったマル秘スポットや穴場のお店を、
思い切って、もりもり紹介しちゃいます！

❖ 行かなきゃやっぱり後悔するテッパンのパン屋さん etc. は、
みんなより一枚ウワテの楽しみ方を教えちゃいます！

❖ 「東京でこんなコトしてきたんだよ♪」
トモダチに自慢できる体験がいっぱいです。

もっともっと、新たな驚きや感動が私たちを待っている！

さあ、"東京のパン屋さん"を見つけに
プチぼうけんにでかけよう！

arucoには、あなたのプチぼうけんをサポートする ミニ情報をいっぱいちりばめてあります。

arucoスタッフの独自調査によるおすすめや本音コメントもたっぷり紹介しています。

楽しい季節のイベントや、おうち時間を充実させるお役立ち情報もお届けします！

知っておくと理解が深まる情報、アドバイスetc.をわかりやすくカンタンにまとめてあります。

94 📩 「成城石井」

% Off になる。 💡 95

右ページのはみだしには編集部から、左ページのはみだしには旅好き女子のみなさんからのクチコミネタを掲載しています。

プチぼうけんプランには、予算や所要時間の目安、アドバイスなどをわかりやすくまとめています。

物件データのマーク

🏠 ……住所
📞 ……電話番号
Free ……フリーダイアル
🕐 ……営業時間
休 ……定休日、休館日
　　　　マークがないものは無休です
✕ ……交通アクセス

URL ……ウェブサイトアドレス
📷 ……Instagram アドレス
Card ……クレジットカード使用可
QR ……QRコード決済可
Keep ……取り置き可
🛒 ……オンライン販売・通販あり

■発行後の情報の更新と訂正について
発行後に変更された掲載情報は、「地球の歩き方」ホームページ「更新・訂正情報」で可能な限り案内しています（レストラン料金の変更などは除く）。お出かけの前にお役立てください。
URL http://book.arukikata.co.jp/support/

本書は2021年4～8月の取材、9月の再調査に基づいています。商品や料金などの情報は時間の経過とともに変更が生じることがあります。また、記載の営業時間と定休日は通常時のものです。特記がない限り、掲載料金は消費税込み（一部を除きテイクアウト時の8％の税率）の総額表示です。新型コロナウイルス感染症対策の影響で、営業時間の短縮や臨時休業などが実施され、大きく変わることがありますので、最新情報は各施設のウェブサイトやSNS等でご確認ください。
また掲載情報による損失などの責任を弊社は負いかねますのでご了承ください。

3

東京のパン屋さんをプチぼうけん！
ねえねえ、どこ行く？ なにする？

東京には、
オリジナリティあふれる
こだわりのパン屋さんがいっぱい！
パン好き女子たちが、
もーっと笑顔になれるパンたち♡
さっそくチェックしちゃおう！

今イチオシのパン屋さん。
行かなきゃ人生、損しちゃう！ **P.20 →**

さぁ、早起きして、焼き立て
パンの朝ごはんを食べに行くぞ！ **P.28 →**

やば!!! かわいすぎて声が
出ちゃうくらいのベーカリー **P.36 →**

どうか、お目当てのパンが買えますように。
なんなら、並んでるパン、全部持ち帰りたい！

フルサンはビジュアル最高、断面最高、
味も最高。もう完璧すぎ
P.38

パンとコーヒーのペアリングって、
なんでこんなに合うんだろう♡
P.40

おいしそ
ストーリー
上げよっ♪

お酒とパンって、大人な感じ！
めっちゃ通っぽくない？
P.46

やっぱ基本は食パンだよね。
これがおいしい店は間違いない！
P.54

私をトリコにして離さない
デニッシュ。サクサク沼は危険（笑）
P.72

揚げ or 焼き、具トロトロ or
具ゴロゴロ。比較が楽しいカレーパン！
P.74

お店の個性が光るサンドイッチたち。
毎日でも食べたくなっちゃう
P.76

オーナーのセンスが光る、
オリジナルトートバッグをゲットしたい！
P.96

Contents

aruco 東京のパン屋さん

- 8 3分でわかる！東京かんたんエリアナビ
- 10 aruco 最旬TOPICS
- 12 パン屋さん巡りをはじめる前に
- 14 知っておきたいパンの種類
- 16 東京パン屋さん巡り aruco 的究極プラン

19 推しパンに出合いたい！名物パンを探してプチぼうけんにいざ出発！

- 20 今、行くべき東京のパン屋さん9店♡　ぜーんぶコンプリートしちゃおう
- 28 最高の1日は、最高のパンブレックファストではじめよう！
- 32 パン好き女子の"聖地"自由が丘で　旬の注目ブレッドを買いまくり！
- 36 「かわいい♡」が大渋滞！　映えベーカリーのある原宿へ急げ三
- 38 わくわくがとまらない！　話題の「フルサン」どれにしよう？
- 40 おいしさ倍増！　最強の組み合わせ♡パンとコーヒー
- 42 お国柄あふれるパンを食べて　世界旅行気分を味わおう
- 44 この街にもこんな店があったんだ！　ローカルに愛される名店たち
- 46 話題のパン飲みを楽しもう　達人が伝授するパン×お酒のマリアージュ
- 50 自分で作るときめき　手作りパン教室をいざ体験！

53 パンへの愛がもっと深まる！毎日をアップデートしてくれる感動の東京パン♡

- 54 日本の朝ごはんの主役はコレ！　毎日食べたくなる究極の食パンを求めて♡
- 58 パンラヴァーを虜にする　こだわり小麦が香るパンたち
- 62 aruco調査隊① シンプルだけど奥深い！　フランスパンの魅力にハマってみる？
- 64 懐かしの味がいっぱい！　何度もリピしたくなるホッコリ系おかずパン
- 66 女子にとって甘いものは正義！　みんなだ～いすきな、甘うまおやつパン
- 68 aruco調査隊② 神パンランキングNo.1☆　クロワッサンを食べ比べ
- 70 はさんでよき、のせてよき、ちぎってよき　カンパーニュの万能感をとことん味わえ！
- 72 サクサク沼にハマる人続出！　バター香るデニッシュに魅せられて♡
- 74 aruco調査隊③ サックサクの生地の中からコクうまルウがトロ〜リ　リピート必至の絶品カレーパン
- 76 秒でHappyになれる♡　めちゃうまサンドイッチ
- 78 ムチムチ＆ムギュが基本☆ おいしいベーグル大集合！
- 80 ヘルシーなだけじゃない！　進化系ヴィーガンパンが注目の的
- 82 駅ナカ・駅チカだからアクセスGood！　ターミナル駅のパン屋さん

89 絶品パンのおともと いつも囲まれていたい ときめきパングッズあれこれ♪

- 90 パンマニアが愛してやまない とっておきのバター＆パンのおともたち
- 92 パンがもっとおいしくなる！ 噂のスプレッド15選
- 94 成城石井＆カルディで発見！ 絶品すぎるパンのおとも
- 96 ベーカリー発 買ったパンはこれに入れよ！ バッグコレクション
- 98 パンLIFEにわくわくをプラス♪ キュンなアイテム大集合！

101 すてきな街にはすてきなパン屋さんあり！ てくてく歩いてパン散歩

- 102 表参道〜原宿 次にくるパンを探すなら迷わず流行の発信地 表参道〜原宿へGO！
- 104 銀座 老舗・名店がズラリ！ ちょっと大人の気分ならやっぱり銀座♪ でしょ!?
- 106 日本橋 江戸の香りが残る日本橋は注目店がいっぱい♪
- 108 代々木公園周辺 名店巡りのあとは代々木公園でピクニック！
- 110 代官山 緑きらめく大人の街・代官山 ちょっとおしゃれして憧れのパン屋さん巡りへ
- 112 三軒茶屋〜三宿 オトナ女子の心震わすパンを見つけに三茶・三宿を歩く♪
- 114 西荻窪〜吉祥寺 西荻女子が愛してやまないパン屋さんを巡る 井の頭公園まで足を延ばして

MAP
- 117 東京広域
- 118 東京中心部
- 120 渋谷・恵比寿・代官山／自由が丘
- 121 原宿・表参道／幡ヶ谷・代々木上原
- 122 上野／銀座
- 123 日本橋／三軒茶屋／西荻窪・吉祥寺

- 124 東京のパン巡りをもっと楽しむお得情報
- 126 Index

aruco column
- 52 こんな組み合わせ見たことない！ おどろき！ 新感覚な和素材合わせパン
- 88 ほっこり幸せ気分♡ もらった人が笑顔になる動物パン
- 100 ロスパンをなくすため！ SDGs×パンに注目！
- 116 編集スタッフのリアル買い 私の推しパンはこれ！

 東京のパン パンまわりの品 おさんぽ 情報

3分でわかる！ 東京かんたんエリアナビ

バラエティ豊かなショップであふれる東京。まずはここで、本誌で紹介しているおもなパン屋さんが集まるエリアの位置関係をササッと予習しよう♪

Area Navi

進化し続ける若者の街
渋谷・原宿・表参道
P.82　P.103　P.102

再開発を経て大規模な施設が次々と誕生した渋谷を中心に、カルチャー、グルメ、ファッション、などのジャンルどれもトレンドの発信地として常に注目を集める人気エリア。まだまだ進化を続ける街。

東京屈指のおしゃれタウン
代官山・恵比寿
P.110　P.111

上質なファッションやグルメが楽しめるエリア。デートや大切な日に利用したい雰囲気のいいレストラン、セレブな気分でお散歩もできるグリーンスポットもあって、散策するだけでもワクワクできる。

住みたい！のピカピカな高級住宅街
自由が丘　P.32

雑貨屋やスイーツ店がギュッと詰まったコンパクトなサイズ感がうれしい。東横線、大井町線の沿線にもすてきなお店がいっぱい！

明治神宮の森に隣接する東京のオアシス
代々木公園周辺　P.108

原宿、渋谷にも近い広大な代々木公園の周辺には、散策途中に寄りたいオリジナリティが光る感度の高いおしゃれショップが点在。

賑やかな駅前と静かな住宅街と
三軒茶屋・三宿　P.112

渋谷からも程近い好立地で、暮らしに便利な商店街や居酒屋、レストランなどが立ち並ぶ。住みたい街としても注目されるエリア。

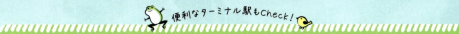

便利なターミナル駅もCheck!

東京を代表する繁華街	エンタメ施設がひしめく	ミュージアム巡りも	再開発がほぼ終了	2027年まで再開発は続く
新宿	**池袋**	**上野**	**東京**	**渋谷**
日本最大の歓楽街の歌舞伎町や老舗百貨店、エンタメ施設がある一方、自然豊かな新宿御苑などもあり、1日中楽しめる。	水族館などが入るサンシャインシティをはじめ、映画館などエンタメ施設が充実。芝生が心地いい南池袋公園もファミリーにも人気。	広々とした上野恩賜公園には日本を代表する3つの美術館や博物館が点在する。上野動物園へは、上野駅から徒歩10分ほど。	近年、大規模再開発が進められている東京駅。復元された丸の内側と引き続き開発の続く八重洲地区から目が離せない。	渋谷駅が再開発で渋谷スクランブルスクエアをはじめ、続々と複合施設が誕生する渋谷。駅周辺がますます楽しくなる!

日本を支える屋台骨
東京 P.84・日本橋 P.106

日本経済の中心地である東京駅周辺。そして、創業100年超えの老舗店も多い日本橋は近年、再開発も進み新しい魅力を発信している。

大人が集うショッピングタウン
銀座 P.104

老舗百貨店はもちろん、高級ブランドの旗艦店が次々と進出。銀座の街が一段と華やぎを増している。老舗グルメも要チェック!

自然と都会が共存する
西荻窪 P.114・吉祥寺 P.115

下町の雰囲気の残る街、西荻窪。古民家カフェや骨董を扱うお店、居酒屋などが立ち並び魅力たっぷり。隣駅の吉祥寺まで歩いて移動も可能。吉祥寺は駅から駅近に井の頭恩賜公園があり緑豊か。個性的なショップも多い。

「やねせん」で知られる下町エリア
谷中・根津・千駄木 P.45

昭和の建築が多く残るノスタルジックなエリア。古民家を改築したカフェやショップも多く、のんびりと散策するのにぴったり。

aruco 最旬 TOPICS

いまホットなニュースをピックアップ！

はみ出すほどのクリームだけど甘すぎない！

なんすかぱんすか → P.37

1. 一番人気のピスタッキオ 480円、エディブルフラワーのトッピングが愛らしいリモーネ 430円　2. ジュウニブンベーカリーのマリトッツォ苺、マリトッツォ抹茶各540円

JUNIBUN BAKERY → P.20

TOPICS 01
いま食べなきゃ！ブーム真っ盛りのマリトッツォ！

2021年、大ブームを巻き起こしているイタリア発のマリトッツォ。ブリオッシュ生地のパンにたっぷりのクリームを挟んだスイーツで、瞬く間に人気は広がり、各店舗より個性的なマリトッツォが登場している。

BAKERS gonna BAKE!
ベーカーズゴナベイク

Map P.119-B3　丸の内

メロンパン スコーンのマリトッツォサンド 緑のマスクメロン、メロンパン スコーンのマリトッツォサンド 赤のマスクメロン各420円

🏠千代田区丸の内1-9-1 東京駅八重洲北口、東京ギフトパレット内　☎03-6551-2332　🕗8:00〜20:30（変更の場合あり）　休施設に準ずる　🚉東京駅構内

TOPICS 02
銀座にOPEN！Signifiant Signifiéのセレクトショップ

世田谷にある名店「Signifiant Signifié」(P.62)の新業態。パンや焼き菓子はもちろん、厳選したセレクトワインの量り売りやイタリアのチョコレート「タ・ミラノ」などハイセンスな商品が揃う。

限定商品が狙い目！

1. 定番以外に月ごとに替わる限定パンも　2. 2種類のワインを月替わりで量り売り。価格はワインによって異なる　3. 赤を基調としたシックな店内

Signifiant Signifié + plus
シニフィアン シニフィエ プラス

Map P.122-C1　銀座

🏠中央区銀座6-10-1 GINZA SIX B2　☎03-6264-5506　🕗10:30〜20:30　休施設に準ずる　🚉地下鉄銀座駅A3出口から徒歩2分

TOPICS 03
生クリームの専門店がフワフワ食パンを発売！

生クリーム専門店の「ミルクベーカリー」では、北海道根釧地区産特濃ミルクを使用した「特濃ミルク食パン」を販売。やさしい甘味で、耳まで柔らかく、まるでスポンジのような食感。1斤450円。

原宿店	渋谷区神宮前3-25-18
吉祥寺店	武蔵野市吉祥寺南町2-1-1 キラリナ京王吉祥寺2F
立川店	立川市曙町2-1-1 ルミネ立川1F
横浜店	横浜市西区みなとみらい2-3-2 みなとみらい東急スクエア①B1 横浜スパゲティ内

毎日のように新しいパンのムーブメントがうごめく東京。パン好きはアンテナを広げて最新情報をキャッチしよう。気になるあの店、この店の動きをご紹介！

レンジで
15秒
あたためて！

TOPICS 05
新食感の "スチーム生食パン"って!?

2021年2月にオープン。生地は低温長時間発酵させて水分を多く含ませ、しっとりもちもちの生地に。さらに、パンを焼く工程に蒸し焼きを入れて、新しい食感の食パンに仕上げた。

STEAM BREAD
Map P.120-B1 恵比寿

🏠 渋谷区恵比寿西1-3-10ファイブアネックス1F ☎03-6455-3032
⏰10:00〜20:00 🚃JR・地下鉄恵比寿駅西口から徒歩2分
Keep

Bon appétit!

TOPICS 04
1. ロイヤルブルーに統一されたシックな店内 2. シェフパティシエの成田一世氏 3. クロワッサン378円 4. マドレーヌ345円

アジアNo.1パティシエのおしゃれすぎる麻布十番のショップ

世界トップクラスのパティシエがスイーツとパンの専門店を2020年12月に麻布十番にオープン！リッチな味わいのパンがズラリと並び目移りしそう。

1. 大人の生#スチパン900円 2. 店名のサインが目を引く 3. 焼いておいしいトースト#スチパン800円

Scene KAZUTOSHI NARITA
シーン カズトシ ナリタ
Map P.119-C3 麻布十番

🏠 港区麻布十番2-3-12 ☎03-6435-4180
⏰10:00〜21:00 休不定休
🚃 地下鉄麻布十番駅7番出口から徒歩2分

TOPICS 06
駒場東大前にあるル・ルソールから目が離せない！

メゾンカイザーのパリ本店で修業後、日本の店舗の立ち上げにも関わった清水シェフのお店。どのパンもていねいな仕事ぶりを感じるクオリティの高さが魅力。

1. トルコ産のドライ白イチジクを練り込み、イチジク形にしたパンオフィグ300円 2. 白と黒のゴマがたっぷりのあんぱん240円 3. 甘酸っぱいリュバーブのパイ450円 4. ピスタチオクリーム240円はまったりクリームとクルミが極上の味わい

Le Ressort
ル・ルソール
Map P.118-B2 駒場東大前

🏠 目黒区駒場3-11-14 ☎03-3467-1172
⏰9:00〜18:00（土・日〜17:00）
休月・火 🚃 京王井の頭線駒場東大前西口より徒歩約2分

2021年11月
現在の場所近くに
移転オープン予定！

TOPICS 07
D&Dに新登場！「ドーナツサンド」

塩味が効いたココナッツシュガーをまぶした甘塩っぱい焼きドーナツに、具材をサンド。ボリューム満点で朝食からランチまで楽しめる。

Dean & Deluca
主な取扱店舗

マーケット店舗 六本木／品川／有楽町／新宿／恵比寿／広尾／吉祥寺／八重洲ほか
カフェ店舗 丸の内／東京ガーデンテラス紀尾井町／虎ノ門ヒルズ／赤坂アークヒルズ／六本木Echika表参道／渋谷ストリーム／NEWoMan新宿ほか
URL www.deandeluca.co.jp/ddshop

11

パン屋さん巡りをはじめる前に

\事前準備も大切!/

ひとくちに「パン」といっても、材料や製造方法によって、いろんな表情を見せてくれるのがパンの魅力！数多のパンをよりおいしく楽しく味わうために、パンのいろいろ、知っておこう！

\知っておきたい!/
パン屋巡りのノウハウ

自分好みのパン屋さんを調べる

せっかく足を運ぶなら、自分好みのパンが揃っている店に行くのがベスト。ハード系、デニッシュ系など、どのパンに力をいれているか事前に確認を。店主が元パティシエだと甘いデニッシュが豊富など、店主の経歴も参考になる。

定番パンは要チェック

食パンやバゲットなど、どの店にもある定番パンがしっかりしている店は、他のパンも間違いないことが多い。季節限定パンやシグニチャーパンに手を伸ばしたくなるが、定番パンもぜひ味わってみよう。

ルートを調べて、乗り放題切符などを使え！

店が決まったら、開店時間や売切れ状況なども加味して、効率よく回れるルートを考えよう。東京メトロでは、使用開始から24時間、メトロ9路線乗り降り自由の1日乗車券を販売。都営地下鉄やJRと組み合わせた乗車券もある。

予約やお取り置きが可能な店も

どうしても買いたいパンがある場合は、予約やお取り置きができるか店に確認しておこう。ただ、パンは一期一会。予定外に買ったパンがびっくりするほどおいしかった！ということもあるので、パンとの出会いを大切に。

予約ができないなら開店時間、焼き上がり時間を狙え！

人気店でも、開店直後であれば、いろんなパンが揃っていることが多い。店によっては、焼き上がり時間が五月雨式の場合もあるので、品揃えが充実している時間、目当てのパンが焼き上がる時間など、事前に店に確認しておくと安心。

買ったパンは、すぐ食べる組、冷凍保存組に分類

油脂分の少ない食パンやハード系パンは、冷凍しても数日間はおいしく食べられるので、持ち帰って冷凍庫へ。甘い系のパン、クロワッサンなどサクサク系のものは、なるべくすぐ食べるのがおすすめ。

糖質が多い？罪悪感の少ないパンの選び方

パン好きにとっての悩みは「太る」ことへの心配。ダイエットを気にしているなら、ライ麦パンや胚芽パンなどを。低GIで、パンのなかでも血糖値が上がりにくい。また、食物繊維やミネラルも豊富なのでおすすめ。甘いパンなら、デニッシュよりあんパンなど油脂分が低いものにしよう。

近くに公園があるか調べておく

店にイートインスペースがない場合、食べる場所の確保が重要。近くに公園があるか、ベンチがありそうかなど、地図アプリなどで調べておくとよい。水道がない公園もあるので、ウェットティッシュは要持参。

悩んだらパン屋さんに聞いてみよう

並んだパンを目にすると、すべておいしそうで、どれを買えばいいか本当に決められない！ そんなときは、自分の好みを伝え、店のスタッフにおすすめを聞いてみよう。最高に好みのパンと出会えるかも。

ショップカードをもらってコレクションしよう

店の個性がでている上に、かわいくっておしゃれ。レジ横においてあることが多いので、1枚もらっておこう。カードケースに保存して、パン屋巡りの記念にしちゃおう！

 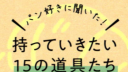 

パン好きに聞いた！
持っていきたい 15の道具たち

1 パン用ナイフ

買ってすぐパンをシェアして食べる、中身や断面を写真に撮るときに便利。

2 まな板

パンのカットに使用。薄く軽量ものやカッティングボードなど100均一で。

3 白い紙 or 紙皿

まな板の上に敷いて使えば汚れない。シェアするときのお皿代わりにも。

4 保存容器（ジップロックコンテetc.）

デニッシュやクリームがのったものなど、形を崩したくないときに。

5 食品用ストックバッグ（ジップロックetc.）

乾燥が防げる上、紙袋だけだと油がしみてしまうこともあるためあると便利。

6 食品用ラップ

味見をして残ったパンは、ラップで包んで乾燥を防ごう。

7 ウエットティッシュ

パンを食べる前に。また、道具を片付ける際に利用価値大。

8 消毒用アルコール

コロナ予防はもちろんのこと、近くに水道がないこともあるので用意しておこう。

9 ペンとノート

食べたパンの感想や記録用に。もちろん、スマホで代用もOK。

10 スマホ

行った店、食べたパンは写真に残して記録。行列に並んで時間をつぶすためにも。

11 モバイルバッテリー（スマホ用）

パン屋巡り中に充電がなくなると悲惨（涙）。これがあればパン屋さんの情報をたくさん検索しても大丈夫。

12 名刺ケース

もらったショップカードを入れる。財布と違い、折れたり汚れたりしないから安心！

13 エコバッグ（トートバッグ）

たくさん買うと結構かさばる。自分のバッグ以外に大きめのものを用意しよう。

14 水

近くにコンビニや自販機がないことも。並ぶときも食べるときも水分補給は忘れずに。

15 日焼け止め＆虫除け

コロナ禍で入店制限もあって、店の前で並ぶことも多い。炎天下の日焼け対策に。

知っておきたい パンの種類

へ〜知らなかった！

主なパンの種類

かたちがいろいろあるね

フランスパン
（パン・トラディショネル）

シンプルに、水、粉、塩、イーストのみで作られるフランスを代表するパンの総称。細長い形状が特徴で、中身（クラム）に対して表面積が大きく、バリバリっとした皮（クラスト）の食感を楽しむ。

Q 形や太さで呼び方が違うの？

A 長さが約70〜80cmあり、日本のパン屋さんで最も一般的なフランスパンがバゲット（「棒、杖」の意）。バゲットよりやや長くて太く、クープ（表面の切れ目）が5本のものを、パリジャン（「パリのパン」の意）と呼ぶ。バゲットより太くて短く、クープが3本程度のものが、バタール（「中間」の意）。丸いドーム型でクロス状のクープが入ったものが、ブール。バゲットなどをハサミでカットし、麦の穂の形状にして焼いたものが、エピ。いずれも生地は同じ。

バゲット / パリジャン / バタール / ブール / エピ

クロワッサン
パリパリサクサク

バターを織り込むことで、焼き上がったときに生地が何層にも重なり、サクサクとした食感を生む。元はウィーン発祥。敵対するトルコ軍の象徴であった三日月をイメージし、「敵を食べる」という意味を込めて作ったとされる。

ブリオッシュ
ふんわりボリューミー

水の代わりに牛乳、また卵やバター、砂糖を加えることで、ふんわりとした食感とやさしい甘さが人気のパン。17世紀にノルマンディー地方で誕生したといわれている。雪だるまのようなぽっこりした形が特徴的。

デニッシュ
パリパリしっとり

生地に大量のバターを使用し、パイのような食感に仕上げたパン。発祥はデンマーク。フルーツを使ったトッピングが美しいデザート感覚のもの、ハムやチーズを包んだ惣菜系のものなど、アレンジが多彩なのも魅力。

デニッシュ Denmark / ヴィエノワズリー France

Q ヴィエノワズリーとの違いは？

A ヴィエノワズリーは、バターを折り込んだ生地を使った、リッチな味わいのパンを指すフランス語で、ウィーンから来た職人が製法を伝えたことが語源。フランスでは一般的に、おやつパンを指す。デニッシュはデンマークを起源とするものを呼び、フランスでは、デニッシュのほか、クロワッサンやブリオッシュもヴィエノワズリーの一種とされている。

14

こんなベーグルもあるよ

いろんな小麦があるんだね

写真提供：Seedsman Baker

もっちりヘルシー！

ベーグル

焼き上げる前に、一度熱湯にくぐらせる独特な製法のパン。元はユダヤ人の間で食されていたもので、ヘルシーさがニューヨーカーの間で人気となった。半分にスライスし、好みのスプレッドを塗り、具を挟んで食べるのが一般的。

もちもちやわらか

食パン

箱型の型で焼く日本の朝食の代表格。ちなみに「食パン」は造語。型に蓋をして焼き、四角い形のものを角食、蓋をせずに焼いたものを山食と呼ぶ。近年、高級な材料を贅沢に使った生食パンが人気となり、専門店も続々と登場中。

Q パン・ド・ミと食パンの違いは？

クラスト / クラム（中身）

A パン・ド・ミは、フランス語で「中身のパン」。イギリス発祥のもので、フランスで主流の皮を味わうパンでなく、中身を味わうパン、という意味。バターや砂糖は控えめで、形状に決まりはない。定義がはっきりしないので、日本においては食パンと同じもの、と考えて問題ない。

主な小麦粉の種類

パン作りに大事なのは小麦粉に含まれるグルテンの量。でんぷんの粒の大きさにもよるが、大まかにはグルテンが多いのが強力粉、少ないものが薄力粉とされる。食パンなど、型に入れて高さを出したい場合は、グルテン含有量の多い強力粉を、またバゲットなどハード系のパンには準強力粉が向いている。かつては外国産の強力粉が主流だったが、近年は「春よ恋」、「はるゆたか」など国産小麦の人気も高い。

Q 全粒粉って何？

A 一般的な小麦粉では取り除かれる、表皮や胚芽も一緒に粉砕し、粉にしたもの。食物繊維が豊富で、全粒粉を使ったものはヘルシーさで注目されている。

酵母（イースト）の種類

酵母には、糖をアルコールと炭酸ガスに分解する働きがある。この炭酸ガスが、パン生地を膨らませるためにとても大切。

生イースト
1gに100億〜200億のイースト細胞が存在し、多くのパン屋で使われている。

ドライイースト
生イーストを乾燥させ、長期保存できるようにしたもの。

インスタントドライイースト
ドライイーストを顆粒状に加工し、扱いやすくしたもの。家庭用として使われている。

天然酵母

小麦粉やホップの実、果実をベースに、自然に存在する菌を培養して作る酵母。添加物が含まれないため、安心安全。風味がよく、しっとりモッチリ感の強いパンになるため、人気も高い。しかし、高温で菌が死にやすい、発酵力が弱いなど、製造上は取り扱いにくく、手間がかかる。

東京のパン屋さん巡り aruco的 究極プラン

パン好きにとって何が楽しいって、いろんな味の食べ比べ。
「あれも！これも！」そんな欲張り女子のために、
arucoがテーマ別のパン屋さん巡りプランをご紹介！
※さまざまな行き方がありますが、おすすめのルートを紹介しています。
また、移動は散策時間なども含めます。

プチぼうけん しちゃうぞ！

Day 1 必ず写真を撮りたくなる！「かわいい♡」がいっぱいのパン屋さん

お店の外観、インテリア、並んだパン。
ぜ〜んぶステキすぎて、映え確定！

9:15 麻布十番駅
9:30 「NEW NEW YORK CLUB BAGEL & SANDWICH SHOP」で
レインボーカラーベーグルをゲット　P.43

徒歩3分 ＋ 地下鉄と田園都市線と世田谷線 40分

なんてカラフルなベーグル！

サンドイッチにもできる

10:20 松陰神社前駅
10:21 「Boulangerie Sudo」で
季節のデニッシュを買う　P.24

旬のフルーツたっぷりでサクサク！

徒歩1分 ＋ 世田谷線 5分

10:45 西太子堂駅

11:00 「JUNIBUN BAKERY」の**風船パン**を
2階のカフェでいただく（または2階のカフェで
オリジナルパンメニューをいただく）P.20

徒歩3分 ＋ 三軒茶屋駅から地下鉄 10分

どれもおいしいですよ

13:30 表参道駅
13:45 「なんすかぱんすか」で予約済みの
マリトッツオを受け取る　P.37

徒歩10分

14:00 「The Little BAKERY Tokyo」の
あんバターブレッドをおやつに　P.36

イートインスペースでいただこー♪

徒歩1分

15:15 「INITIAL」表参道店でお花のような
フルーツサンドをGET　P.39

まさに断面萌え〜

16

Day 2 「#萌え断」も発見できそう ステキなサンドイッチを探しに

食事系からフルーツサンドまで。
おなかもいっぱい！幸せ気分♪

- **9:00** 水天宮前駅
- **9:10** 「Boulangerie Django」で**サンドイッチ**を手に入れる P.22

徒歩12分 + 人形町駅から地下鉄10分

- **9:35** 日比谷駅
- **10:30** 「GINZA FRUIT BOON by Utsuwa」で**フルーツサンド**選び

フルーツは季節によりいろいろだよ
P.39

- **10:45** 有楽町駅

JR23分 徒歩5分

- **11:30** 渋谷駅
- **11:45** 「BUY ME STAND」でランチに**アップルチークス**を P.76

徒歩5分 + 地下鉄6分

- **13:30** 代々木公園駅
- **13:40** 「CAMELBACK sandwich&espresso」で**すしやのたまごサンド**を持ち帰り P.40

コーヒーもおいしいから要チェック！
ぜひ立ち寄って

徒歩14分 + 地下鉄と東横線13分

- **14:30** 中目黒駅
- **14:35** 「ダイワ」で**フルーツサンド**に圧倒される P.38

徒歩13分 + 東横線と田園都市線と世田谷線20分

- **15:30** 世田谷駅
- **15:35** 「CITY.COFFEE.SETAGAYA」の**BBQホットサンド**でシメる P.76

Day 3 ハイセンスなパン屋さんが揃う 日比谷線→東急東横線沿線巡り

看板パンのあるベーカリーを1日で行く欲張りプラン！
締めはもちろんデザートで♡

- **9:50** 銀座駅
- **10:00** 「CENTRE THE BAKERY」で**トーストセット**の朝食 P.56

徒歩5分 + 地下鉄15分

- **10:50** 広尾駅
- **11:00** 「Truffle BAKERY」の**生搾りクリームパン**をおやつに P.27

賞味期限5時間！

地下鉄11分

- **11:45** 代官山駅
- **12:00** **絶品デニッシュ**を「Laekker」でゲット P.27

徒歩6分 + 東横線1分

- **12:50** 中目黒駅
- **13:00** 「TRASPARENTE」で**パニーニランチ** P.41

イタリアン気分でいただこー

徒歩3分 + 東横線7分

- **14:15** 自由が丘駅
- **14:30** 「baguette rabbit自由が丘」で**ハード系パン**を買う P.33

徒歩6分

- **15:00** 「パンとエスプレッソと自由形」で**スイーツ♡** P.35

\幸せ〜♡/

Day 4 感度の高い人が集う街には、センスのよいパン屋さんあり！半蔵門線→東急田園都市線沿線へ！

こだわりや信念は、パンのおいしさにつながってる。そんな思いが伝わるパン、食べなきゃ損！

- **10:20** 清澄白河駅
- 徒歩3分＋地下鉄12分
- **10:30** おうちごはん用に「中村食糧」で**カンパーニュ**を買う（要来店予約） P.71

- **11:15** 九段下駅
- **11:30** パン屋さん巡りに必須の**エコバッグ**を「FACTORY」でゲット P.28
- 徒歩13分＋地下鉄10分

パンも買おう！

- **12:20** 表参道駅
- **12:30** ランチを「breadworks 表参道店」で P.102
- 徒歩2分＋地下鉄2分

- **14:30** 渋谷駅
- **14:45** 「GREEN THUMB」で話題の新商品、**厚焼き玉子サンド**を入手！ P.77
- 徒歩6分＋東急田園都市線5分

ほかにもたくさんパンあるよ

- **15:15** 三軒茶屋駅
- **15:30** 「Signifiant Signifié」に並ぶ美しい**ハード系パン**にうっとり P.62

Day 5 下町とおしゃれエリアを結ぶ千代田線＆小田急線 1日パンたび♪

おいしいニャ〜！

根津、代々木、下北沢周辺と雰囲気の異なる街をパン散歩しちゃお！

- **10:20** 根津駅
- 徒歩1分＋地下鉄18分
- **10:30** 谷根千さんぽの合間に「根津のパン」の**和空間**へ P.45

日本情緒あふれる

- **11:25** 乃木坂駅
- **11:30** 「Viking Bakery F」で**フルーツサンド**をぱくっ♡ P.39 P.77
- 徒歩2分＋地下鉄7分

かわゆ♡

- **12:25** 代々木公園駅
- **12:30** 「365日」の大人気商品、**クロッカンショコラ**をお持ち帰り P.109
- 徒歩12分

- **13:00** 「カタネベーカリー」で明日の**朝食用パン**を買う P.108

トーストにおすすめ！

- 徒歩8分＋小田急線3分
- **13:30** 下北沢駅
- **13:45** 「boulangerie l'anis」の**小麦の香り**に心躍る P.60
- 徒歩16分

- **14:30** **ヴィーガンパン**を「UNIVERSAL BAKES AND CAFE」で体験！（取り置きしておくのがベター）P.81

なんとすべてヴィーガン！

NO BREAD, NO LIFE!

推しパンに出合いたい！名物パンを探してプチぼうけんにいざ出発！

街角の小さなパン屋さんから有名チェーン、
海外からの出店も含めて、東京にはニュースなパンがたくさん！
いつもわくわくさせてくれて私たちの生活に欠かせない大好きなパンを探しに、
プチぼうけんしてみましょ♪

プチ
ぼうけん ①

今、行くべき東京のパン屋さん9店♡
ぜーんぶコンプリートしちゃおう

東京には、毎日でも訪れたくなるような、おいしくってすてきなパン屋さんがたくさん！なかでも、aruco編集者がおすすめしたいパン屋さんを厳選9店ご紹介！

Recommend Point
ジュウニブン ベーカリーの
パンとケーキとお花が揃った新しいライフスタイルショップ。夢のようなステキ空間には、良質素材を使用したこだわりの絶品パンが美しく並べられている。

お花も売ってるよ

JUNIBUN BAKERY

コンセプトのある極上ベーカリーを訪問

ここ数年、東京には話題のパン屋さんが続々オープン。厳選素材を使ってていねいに焼かれたパンを食べると、ほんわか幸せ気分に。そのお店でしか味わえない特別パンもマスト。

パンと花があふれた空間にキュン
JUNIBUN BAKERY
ジュウニブン ベーカリー

人気ベーカリー『365日』(→P.109)を手がけた杉窪シェフによるベーカリー。「毎日がちょっとうれしくなる」をテーマに、見た目もかわいいこだわりパンが並ぶ。

Top of my list!
- JUNIBUN BAKERY
- Boulangerie Django
- Pain des Philosophes
- Boulangerie Sudo
- Comme'N TOKYO
- BEAVER BREAD
- BOULANGERIE SEIJI ASAKURA
- Laekker
- Truffle BAKERY

人気絶品パンを全制覇
TOTAL 1時間

- オススメ時間：オープン直後
- 予算：500円〜

効率よく楽しむには
気になるパンがあれば事前予約しよう（可能なら）。また、個人のパン屋さんなどは定休日が不定期なこともあるので、Twitterやインスタなども参考に事前確認を。当日は持ち物リスト（→P.13）もチェックしてみて。

Map P.123-C2 三軒茶屋

🏠 世田谷区三軒茶屋1-30-9 三軒茶屋ターミナルビル1F ☎ 03-6450-9660 ⏰ 9:00〜19:00 🚇 東急田園都市線三軒茶屋駅南口B出口から徒歩3分 Card 可 Keep

オリジナルのエコバッグもありますよ

20

プチ
ぼうけん
1

今、行くべき東京のパン屋さん9店♡

ジュウニブン ベーカリーの絶品パンたち大集合

人気 NO.1

風船パン
346円
小麦のうま味ともっちり食感が最強。絶対ハズせないおいしさ

ジュウニブン
クロワッサン
281円
よつ葉バターをたっぷり使用。マフィン型がかわいい

ローズ
303円
ふわふわパンの上に甘酸っぱいフランボワーズジャム

ショコレオレ
357円
アールグレイの茶葉入りパンにサクサクの板チョコがドーン

ショコラフランス
303円
歯切れのよいフランスパンにパールショコラを挟んで

＼おしゃれなスタイル／

季節のフルーツたっぷり。キラキラ宝石のようなタルトもある

今までありそうでなかった花とパンのコラボ

1. 1杯ずつ入れてくれるスペシャリティコーヒーが人気。ナチュラル処理で豆のうま味をしっかり感じる
2. カフェのメニューより、コーンミルクのスクランブルエッグマフィン1320円とフラットホワイト715円

2階の「二足歩行 coffee roasters」でイートインができちゃう！

2階にはコーヒーロースタリーを備えたカフェがある。天井が高く広々とした店内では、飲み物をオーダーすれば、平日限定で1階のパンも持ち込み可。

二足歩行coffee roasters
ニソクホコウ コーヒー ロースターズ

Map P.123-C2　三軒茶屋
☎03-6450-9737　⏰9:00〜19:00
Card 2階

いろいろ味わってくださいね

ベーカリー担当の山本さん

三軒茶屋の名所ともいえるステキ空間。1階と2階で別の楽しみ方ができるのも魅力！

Boulangerie Django

Recommend Point
日本橋・人形町界隈で見逃せないブーランジェリー。使用する材料や素材の組み合わせがユニークで遊び心がたっぷり。そして味も一流！

季節のデニッシュ。オレンジ320円とダークチェリー300円

人気 NO.1
シグネチャーはビーツのベーコンエピ

アップルサイダードーナツ 230円
リンゴジュースとジャムが練り込まれスッキリとした甘さ

ベーコンエピ 350円
鮮やかな赤紫の野菜、ビーツを練り込んだエピ

コーンブレッドサンド 520円
コーングリッツが練り込まれたパンにスモークサーモン、レモンソースがマッチ

上品でもっちりした生地にパンがお目見えのフロマージュ270円

個性的でアートなパンに出会える
Boulangerie Django
ブーランジェリー ジャンゴ

オーナーシェフの川本さんは元グラフィックデザイナーとあって、幾何学模様のインテリアや見た目が美しいパンなど、どれもアイデアたっぷりでセンス抜群。ハード系からデニッシュまで、こだわりパンがずらりと並ぶ。

Map P.123-A2 日本橋
🏠 中央区日本橋浜町3-19-4 ☎03-5644-8722
🕗 8:30〜18:00 休水・木 🚇地下鉄水天宮前駅4番出口から徒歩6分 Card × Keep ○

店内で焼いています

店主 川本宗一郎さん

22

世界一のパン職人のこだわりが満載
Comme'N TOKYO
コムン トウキョウ

オーナーシェフは、パンの国際コンクールで日本人初の総合優勝を果たした大澤秀一さん。店内に一歩入ると、奥にはキッチン、手前は美しい焼き色のパンがずらり。香しい匂いに誘われて幸せな気分に。

Map P.120-C1 九品仏
🏠 世田谷区奥沢7-18-5 ☎非公開
🕖 7:00～18:00 休 火・水 🚃東急大井町線九品仏駅から徒歩1分 Card 不可
Keep (当日店頭)

季節の味をお楽しみください

プチぼうけん 1

今、行くべき東京のパン屋さん9店♡

クロワッサンA.O.P. 300円
フランス産の発酵バターAOPを使用。小麦もバターもしっかり

ボム・パタート 350円
リンゴとサツマイモが入ったブリオッシュ

リンゴとクルミ 300円
ハートのような形がかわいい。ハード系に見えて意外にソフト

コムン流ミルクフランス 350円
ザクッとした粗めの生地でミルクの甘さとほんのり塩気が美味

人気 No.1

お店には毎日約100種類のパンが並ぶ

パン・ドゥ 300円
ほのかな甘みのしっとりブリオッシュは芸術的な美しさ

プロヴァンサル 280円
ローズマリーやハーブがベース。ワインにもぴったり

近くをお散歩していたパンが大好きなワンちゃん♡

5

Comme'N TOKYO

コムン トウキョウの
Recommend Point ★
種類が豊富でどのパンもハズれなし！「なるべく売り切れを出さないように」と終日焼かれているのがありがたい。

25

今、行くべき東京のパン屋さん9店

プチぼうけん 1

スモークハムのクロックムッシュ
440円
ベシャメルソースとデニッシュの組み合わせがフレンチ！

デニッシュがずらり！

Laekker 8

代官山のデニッシュ専門店
Laekker
レカー

北海道産の小麦とバターを使用。素材のおいしさにこだわった見た目も芸術的なデニッシュが並ぶ。おやつ系だけでなくお総菜系も人気！ 14～15時にはなくなるので要注意。

Map P.120-A1 代官山

🏠渋谷区代官山町9-7 サンビューハイツ代官山1F ☎非公開 🕙10:00～17:00（売り切れ次第閉店）休火・水 🚃東急東横線代官山駅西口から徒歩6分 Card Keep（前日予約）

キャラメルバナーヌ
430円
焼きバナナにキャラメルソースがからんで濃厚な味わい。

人気 No.1
母のデニッシュ
590円
苺とソースがたっぷり。甘酸っぱくてサクサクで上品な味。

レカーの
Recommend Point
季節の野菜とフルーツがたっぷり。焼きたてでなくてもおいしく食べられるようにと作られたデニッシュの数々は宝石のよう！

トリュフを日常で味わえたら幸せ
Truffle BAKERY
トリュフ ベーカリー

フランスなど世界の食材を輸入販売する会社が「世界三大珍味のトリュフをパンに加えてみたらおもしろいのでは」とオープン。子供でも安心して食べられるように食材にもこだわったパン作りを行う。

Map P.120-A2 広尾
🏠港区南麻布5-15-16 ☎03-6277-4894 🕙9:00～21:00、土・日・祝～20:00 🚃地下鉄広尾駅1番出口から徒歩1分 Card Keep

Truffle BAKERY 9

女の子を探してみて♡

白トリュフの塩パン 194円
人気 No.1
カリもちパンにトリュフの味わいがふんわり。価格もうれしい！

サンドイッチもたくさんあるよ

トリュフ ベーカリーの
Recommend Point
塩パンと黒トリュフのたまごサンドはもちろんだけど、それ以外のパンもすべておいしい。アメリカ西海岸をイメージした店内もすてき！

27

プチ
ぼうけん
②

最高の1日は、最高の
パンブレックファストではじめよう!

Best Breakfast

1日を元気にはじめるために、憧れのあの店で朝食はいかが？ 普段はおねぼうさんでも、パンのためなら早起きできる！ おひさまの光をしっかり浴びて、パンブレックファストをしにでかけよ♡

こだわりのパンがある絶品モーニング4選！

朝からおいしいパンをいただくと、その日1日気持ちよく過ごせそう。数あるなかでもイートインできるお店をピックアップ。もちろんテイクアウトもOK！

おいしいパンの朝食を食べる TOTAL 2時間

オススメ時間 9:00〜11:00　予算 850円〜

朝からオープンのベーカリーカフェへ

たまには早起きして、おいしいパンを食べながらのんびり過ごしてみたいもの。焼きたてパンの香りで包まれたおしゃれな店内でいただけば、すてきな1日がスタートできそう。パン好きにはたまらないひととき！

靖国神社の近くにあるベーカリーカフェ

FACTORY
ファクトリー

季節のフルーツやレーズンの天然酵母、国産小麦を使用。20種類以上のパンがキッチンで焼き上げられる。奥のテーブル席でいただける朝食メニューが人気。

Map P.119-B3　市ケ谷

🏠千代田区九段南3-7-10　☎03-5212-8375　⏰8:00〜19:00（朝食〜10:00、ランチ11:00〜15:00、ティータイム15:00〜）　🚇地下鉄市ケ谷駅A3出口から徒歩7分　Card 🚭 Keep

焼きたてパンの朝食セットで選べる、チョコレートリュスティック

新しい食べ方を発見してください
焼枯マネージャー
金井春奈さん

いちばんの人気メニュー、焼きたてパンの朝食セット850円

Breakfast Menu
おすすめ
8:00-10:00

☆**焼きたてパンの朝食セット**
クロワッサン、ベーグル、チョコレートリュスティック（2個チョイス）、季節のコンフィチュールとバター

・ジャンボンブラン、グリュイエールチーズ、安田養鶏場のたまごの目玉焼き、フレンチトーストセット

・アボカド、chillparlor?特製ビーフチリビーンズ、安田養鶏場のたまごの目玉焼き、トマトサラダ、コリアンダー、メキシコスタイルフレンチトーストセット

・"パーフェクトフレンチトースト"
季節のコンフィチュール、有機バナナ、自家製グラノラ

（すべて、牧成舎の生クリームヨーグルト、コーヒーまたは紅茶付き）
850円〜

Best Breakfast

ホテルのラウンジで気軽にモーニング

おすすめ Breakfast Menu

8:00〜
アボカドチーズのベジタブルサンド
800円

・自家製ハムのサンド 750円
・サーモンクリームチーズサンド 850円
・アボカドチーズのベジタブルサンド 800円

テイクアウト用のパンは、ホテル内のラウンジで味わえる
※現在、新型コロナウイルス感染予防のため、モーニングビュッフェは実施していない。

たっぷり野菜をカンパーニュで挟んだ、アボカドとチーズのベジタブルサンド 800円

Take Out OK!

人気のベーグルからはチーズベーグル350円をチョイス

フワフワの白パン、レーズンクリームチーズ 280円

1. ベーカリーの向かいにあるラウンジ 2. レジ前のショーケースにサンドイッチが並ぶ 3. ベーカリーの横にはティースタンドも併設。ロビーでいただくこともできる

撮っちゃお♡

手間ひまかかったホテルパン
MORETHAN BAKERY
モアザン ベーカリー

公園に面したおしゃれなホテル、The Knot Tokyo Shinjukuの1階にある。ハード系や食パンなど多種あるなか、おすすめは専属ディレクターが仕込むサンドイッチ各種。

Map P.118-B2 西新宿

🏠 新宿区西新宿4-31-1 Hotel The Knot Tokyo Shinjuku 1F ☎03-6276-7635
⏰ 8:00〜18:00 🚇地下鉄都庁前駅A4出口から徒歩7分
Card 禁 Keep

30

外国人や子連れママにも人気
No.4
ナンバー フォー

開放的でモダンな空間、おしゃれなメニューで大人気の、麹町にあるベーカリーカフェ。朝から夜まで過ごせる居心地のよさが魅力。

Map P.119-B3 麹町
🏠 千代田区四番町5-9 ☎03-3234-4440 🕐8:00〜22:00 (L.O.21:00)
🚇地下鉄麹町駅6番出口から徒歩3分
Card 🚭 Keep

3種のデリプレート、ブレッド付き930円

焼きたてパンの香りに癒やされる♪

カフェラテ 550円は系列店のTHE ROASTERYで焙煎するコーヒーを使用。

プチぼうけん 2

最高のパンブレックファスト

サクサクのNo.4クロワッサン 260円

ビジネスマンや小さな子供連れのママ、外国人など多彩な客が集う

アボカドトースト、フルーツサラダ 1100円

MORNING

パンは厚切りでボリューム満点！ 塩ホイップの塩気がメイプルシロップの甘さを引き立てる

おすすめ
Breakfast Menu

8:00-10:45

☆ 湯種ブリオッシュフレンチトースト、塩ホイップクリーム　880円

・フレンチトーストコンボ　1200円
・ホットパストラミサンドイッチ　1280円
・モーニングスープセット、ミニサラダとブレッド付き　980円

ほかにもあるよ！
モーニングできるベーカリー

代々木上原の人気店「カタネベーカリー」の地下にある「カタネカフェ」では朝7時30分から朝食セットがいただける。クロワッサンかパンオショコラにバゲット、2種のパン、ジュース、コーヒーか紅茶、コンフィチュールとバター付きと、おトク！

カタネベーカリー → P.108

カタネベーカリーのモーニングセット「パリの朝食」880円

その他のリスト
・ペリカンカフェ　→ P.55
・パーラー江古田　→ P.61
・bricolage bread & co.　→ P.49
・ダカフェ 恵比寿店　→ P.111

31

プチ
ぼうけん 3

パン好き女子の"聖地"✨自由が丘で旬の注目ブレッドを買いまくり！

パン屋さん激戦区といえば都内屈指のおしゃれタウン、自由ヶ丘。焼きたてパンを食べられるベーカリーカフェや絶対テイクアウトしたいパン屋さんまで、旬のパンに出会える！

ナビゲーターはこの人！
RIRIちゃん
パンが好きで、休日の過ごし方はひたすらパン屋巡り。渋谷、自由が丘付近に出没する。

Let's go to the bakeries in Jiyugaoka

自由が丘でパン屋さん巡り

目黒区にある高級住宅地、自由が丘にはおしゃれでセンスのよいパン屋さんがたくさん。パン好きなら訪れて！

自由が丘のパン屋さん巡り おすすめプラン

駅から遠いお店から攻めていこう。パン屋さんがたくさんあるのでほかにも気になるパン屋さんが発見できそう！

Start 自由が丘駅
↓ 徒歩6分
1 baguette rabbit 自由が丘
↓ 徒歩8分
2 NEW NEW YORK CLUB
↓ 徒歩7分
3 OZ bread
↓ 徒歩4分
4 パンとエスプレッソと自由形
↓ 徒歩3分
5 なんとかプレッソ
↓
Goal 自由が丘駅

Chapter 1 10:30 「ブール」はマスト！
baguette rabbit 自由が丘

テイクアウト＋軽くイートイン
TOTAL 2.5時間
オススメ時間 10:30
予算 500円〜

焼き上がり時間を事前に確認！
お気に入りのパンを探しながらお店を回って、可能ならイートインして休憩を。たくさん買っても大丈夫なようにエコバッグを忘れずに。

32

baguette rabbitのイチオシはコレ！

ブール 464円
モチモチ食感で水分たっぷり、奇跡のフランスパン。ヴィーガンOK！

バゲットラビット 356円
ポーリッシュ法という多めの水分で仕込んだ食べやすいバゲット

プチぼうけん③ 今が旬の自由が丘のパン屋さん巡り

つぎ、行こ♪

1. ギャラリーのようなセンスよい店内　2. 天然酵母のバゲット。酸味がありクラストはザクッ　3. ふすまを使用、自由が丘店限定のワンローフ518円　4. ラム酒につけたレーズンを混ぜ込んだブノワトン194円　5. ブールを使ったラム酒風味のフレンチトースト324円　6. こちらもブールを使ったフランボワーズのフレンチトースト324円　7. 粗びきマスタードとベーコンを包んだエピ259円　8. 店内に臼があり小麦がひかれている　9. 焼き上がり時間をめがけて行きたい　10. 1日に何度も作られるパン。小麦のいい香り

迷っちゃう！

めしあがれ！

名物ブールはお忘れなく！

baguette rabbit 自由が丘
バゲット ラビット

名古屋の有名ベーカリーの東京店。こだわりの素材と製パン技術で生地そのものの美味しさを大切にし、約60種のパンを提供。女性客だけではなく、食にこだわりがある男性のお客様にも人気なベーカリーブランド。

Map P.120-C2　自由が丘
▲目黒区自由が丘1-16-14 プルメリア自由が丘1F ☎03-6421-1208 ⏰9:00～20:00 休年末年始 🚃東急東横線自由が丘駅北口から徒歩6分 Card Keep

33

Chapter 2　11:00
NY気分になれる！
NEW NEW YORK CLUB

カフェとしても利用価値大！

NEW NEW YORK CLUB
ニューニューヨーククラブ

NYヤンキースを思わせるブルーの外観が印象的。店内に並べられた雑貨やインテリアなど、すべてにニューヨークを感じられるカフェ＆ショップ。

Map P.120-C2 自由が丘
🏠 目黒区緑が丘2-15-14
☎ 03-6459-5669
🕐 11:00〜20:00（イートインのL.O.19:30）
🚃 東急東横線自由が丘駅北口から徒歩8分
Card OK Keep

1. ピンクのベーグルにクリームチーズを挟んだピンクパンサー648円　2. ブルックリンのイーストハーレムが発祥というひき肉のサンドイッチ、チョップドチーズ1296円　3. オーナー自ら選んだNYのTシャツや雑貨も揃う

雑貨にも注目してね！

Chapter 3　11:30
自由が丘らしい、甘系パンにも注目！
OZ bread

1. ハワイ名物のドーナツ、マラサダ248円〜もある　2. 甘系のパンも充実　3. 駅チカで便利なロケーション　4. 低温発酵させて焼き上げたバゲットOZ、334円　5. 新商品のチョコチップタイガー388円　6. ビジュアルのよさだけでなくおいしいパンがずらり。対面式の販売

with bread

もちフワ新食感のマラサダが人気！

自由が丘駅から徒歩1分！
OZ bread
オズブレッド

都立大学にある「ブレッドプラントオズ」の姉妹店。自家製酵母や発酵バターを使ったこだわりパンが評判。焼きたてパンが美しくディスプレイされていてテンションUP！

Map P.120-C2 自由が丘
🏠 目黒区自由が丘1-31-11
☎ 03-5726-9786
🕐 11:00〜20:00
🚃 東急東横線自由が丘駅南口から徒歩1分
Card

プチぼうけん 3

今が旬の自由が丘のパン屋さん巡り

Chapter 4 12:00
パンのアフタヌーンティーセット
パンとエスプレッソと自由形

ちょっとひと息 EAT IN

ぜひ食べにきてください♡

おいしそう

1.「ムー自由形」食パンを使ったクロックムッシュ380円 2. ムーのティラミスとアイスカプチーノもおすすめ 3. 1日5食限定（10〜12時）のブランティーセット1000円。電話で予約 4. ていねいに作られたパン 5. 木製テーブルにターコイズブルーがアクセント

遊び心たっぷりのベーカリーカフェ
パンとエスプレッソと自由形

雲のような曲線を描く店内では、定番パンをはじめフレンチトーストや限定ブランティーセットなど、パンの魅力がたっぷり楽しめる。

Map P.120-C2 自由が丘
🏠目黒区自由が丘2-9-6 Luz自由が丘3F ☎03-3724-8118 🕙10:00〜19:00 🚃東急東横線自由が丘駅北口から徒歩3分 Card

大満足の1日でした！

Chapter 5 13:00
大人気のボトルドリンクを買う！
なんとかプレッソ

ボトルドリンクのパッケージもかわいい♡

ムーを使ったコロネがイチオシ
なんとかプレッソ

「パンとエスプレッソと自由形」の姉妹店。店名をはじめ「サンド不イッチ」など、ユニークなネーミングのパンとコーヒーが人気。

Map P.120-C2 自由が丘
🏠目黒区自由が丘2-9-6 Luz自由が丘1F ☎03-5701-0508 🕙10:00〜19:00 🚃東急東横線自由が丘駅北口から徒歩3分 Card Keep

1. コロネは大人ガナッシュ、ホワイトガナッシュ各260円、ムー自由形440円 2. ボトルタイプの時間だしコーヒー350円とロイヤルミルクコーヒー400円 3. コーヒーは2時間かけて抽出 4. ペーパーバッグもかわいい

プチ
ぼうけん
4

「かわいい♡」が大渋滞!
映えベーカリーのある原宿へ急げ₌₃

原宿の裏路地にあるのが、SNS映えで女子に大人気のベーカリー。かわいいだけじゃなくて、おいしいパンがいただけるとあって、朝から満席は当たり前。ステキでかわいい空間を存分に味わって！

キュンなパン屋さんを訪れる

女子に人気「かわいい」の発信地、原宿。フォトジェニックで絶対ハズさない話題のお店に行こう！

原宿でかわいいベーカリー巡り
TOTAL 1時間

- オススメ時間 11:00〜12:00
- 予算 1000円〜

外国にいる気分も感じることができる

歩いているとふと中をのぞきたくなる魅力的な外観。パンはもちろん外観や店内のインテリアもセンスがよく、本当にパン屋さんか疑ってしまうほど。食材の組み合わせやネーミングも楽しんで。

かわいいPOINT 1
どこを撮っても絵になるインテリア

かわいいPOINT 2
ブルックリンっぽさ全開

タイルの床やフレンチアメリカンな壁紙、パンの並べ方まで、店内はどこをどう撮ってもかわいい感じに撮影できちゃう。

ニューヨークのブルックリンにあるベーカリーをイメージ。飾られた小物などにもアメリカを感じさせるものがたくさん。

かわいいPOINT 3
パンがおいしいのにかわいすぎる♪

国産小麦を使用した、安心・安全なパンが店内の工房で手作りされ、順次運ばれてくる。かわいいだけでなく味も大満足！

一度は訪れるべき!
The Little BAKERY Tokyo
ザ リトル ベーカリー トウキョウ

Map P.121-A2 原宿

パンやドーナツをはじめ、サンドイッチやスープランチのセットメニューも登場。リニューアルして増設したイートインスペースで楽しみたい。

- 渋谷区神宮前6-13-6
- 03-6450-5707
- 10:00〜19:00
- 地下鉄明治神宮前駅7番出口から徒歩3分
- Card 不可 Keep 不可 ＊イートインOK

36

Let's take a picture!

Kawaii

プチ
ぼうけん4

映えベーカリー

シチリア産レモンとはちみつをたっぷり使った
自家製のレモネード702円～

ツノの生えたウサギを発見！
海外っぽさ全開のセンスあふれるインテリア

系列のGOOD TOWN DOUGHNUTSのドーナツは
ヴィーガンもあり。400円～

人気定番メニューのあんバターサンド462円～と
苺あんバターサンド。561円～

ダブルベリークリーム、チーズヌテラ&バナナ、
ブルーベリーマフィン410円～。選ぶのは至難の業

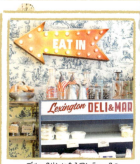

ブルックリンにあるアンティークの
冷蔵ケースをイメージ

こちらも
チェック！

かわいいPOINT
赤を基調とした
外観

カワイイ

「太陽と魔女」を
イメージしたと
いう真っ赤で個
性あふれる外観
は、パン屋さん
のイメージを吹
き飛ばす！

おいしい
ですよ♪

ユニークなネーミングにも注目
なんすかぱんすか

「リッツカールトン大阪」のチーフベイカーだった青柳古紀シェフのお店。
人気のマリトッツォ（→P.10）含め、パンはSNSからの予約がおすすめ。

Map P.121-A2　原宿
渋谷区神宮前3-27-3
非公開　11:00～売
切れ次第閉店
月・火・水　JR原宿
駅東口から徒歩10分

「三歩下がって歩く黒
ごま」ずっしり弾力の
あるあん食パン540円

名前のとおり香
り高いバターが
じゅわっとあふ
れる、ジュワッ
サン290円

果実店 canvas
カジツテン カンヴァス

わくわくPoint♡
ギャラリーのようなおしゃれな店内でイートインできるスペースあり。おひとり様も落ち着けるのがいい。

幸せのフルーツサンドミックス500円、旬メロン600円美しく並べられたサンドイッチ

カラフルなフルーツパフェも人気
幡ヶ谷の住宅地にひっそりとたたずむフルーツパーラー。フルーツサンドやパフェなど厳選された旬のフルーツを使ったメニューを楽しめる。

Map P.121-C1 幡ヶ谷
渋谷区西原2-33-14 DWELL西原0001
050-3778-5471
12:00~18:00 (L.O.17:00)
水 京王新線幡ヶ谷駅南口から徒歩5分 Card 減 Keep

満開に咲くお花のフルサン♡
INITIAL 表参道店
イニシャル

Map P.121-A2 表参道
渋谷区神宮前6-12-7
03-6803-8979
12:00~23:00 (土・日・祝11:00~) 地下鉄明治神宮前駅7番出口から徒歩4分 Card Keep

札幌にあるパフェ専門店の東京店。こちらのフルーツサンドが「萌え断」すぎるとSNSで話題。甘さ控えめのクリームにこだわったおいしさも人気の秘訣!

話題の"フルサン"どれにしよう?

わくわくPoint♡
The Little BAKERY Tokyo (→P.36) のパンを使用。写真を撮らずにいられないかわいさ。フルーツのお花たちにキュン♡

赤ぶどうのお花 843円
ぶどうのプチッと弾ける食感がたまらない

みかんのお花 843円
みかんは清美オレンジ、茎はキウイとマスカット。

ゴールドキウイのお花 864円
ビタミンCたっぷりのゴールドキウイがお花に

Viking Bakery F
バイキング ベーカリー エフ

食パン専門店のフルサンをどうぞ
食パンで有名なバイキングがフルーツサンドのためにパンを開発。どれもふわっと奥ゆかしい口当たりでフルーツの味わいが残るのが特徴的。

DATA → P.77

ミックスサンド 450円
マンゴー、キウイ、イチゴ。カット方法も大切に

あまおうとマスカルポーネ 810円
ヴァローナチョコの食パンにイチゴとマスカルポーネ

シャインマスカット 時価
マスカットの粒や見た目が美しくバランス抜群

ストロベリーあんバター 842円
ベストな組み合わせ。あんはレンズ豆を使用

ハニーグローパイン 723円
パイナップルの存在感大。ジューシーで果汁たっぷり

わくわくPoint♡
フルサンのボリューム感や生クリームが苦手な人でも食べやすいエアリーさがいい。食パンのおいしさが際立つ!

厳選された極上のフルーツを使用
GINZA FRUIT BOON by Utsuwa
ギンザ フルーツ ブーン バイ ウツワ

江戸時代から300年続く専門仲卸の目利きによって選び抜かれたフルーツを使用。贅を尽くした生クリームとパンで至高のフルサンです。

Map P.122-B1 有楽町
千代田区有楽町2-7-1 有楽町イトシア B1
080-4056-9035
11:00~20:00 施設に準ずる JR有楽町駅中央口から徒歩1分・地下鉄有楽町駅D7-b出口から徒歩1分 Card Keep

わくわくPoint♡
フレッシュでみずみずしいフルーツに、しっとり上品なパンとなめらかなクリームのマリアージュが楽しめる。

プチぼうけん 6

おいしさ倍増！
最強の組み合わせ♡パンとコーヒー

王道の組み合わせ、パンとコーヒー。お総菜系や菓子パンまでさまざまなパンがあるけど、両方のおいしさを存分に楽しめる東京のベーカリーをご紹介！

こだわりCoffee ＋ Wapping!

すしやの玉子サンド 450円
きれいに焼き上げられた和風の玉子焼きと和辛子がパンに合う！カタネベーカリーさん（→P.108）のコッペパンを使用

イモータルラテ 600円
渋谷のエスプレッソバー Streamer Coffee Company出身のバリスタが注文後に淹れてくれる。バニラ風味のこのラテが一番の人気

ブリーチーズ、リンゴ、蜂蜜のハーモニー 900円
クリーミーなブリーチーズに職人技で美しくスライスされたリンゴと生ハムが贅沢な味わい

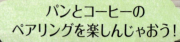

パンとコーヒーの
ペアリングを楽しんじゃおう！

サンドイッチにはじまり、おやつに楽しむデニッシュやドーナツまで、パンとコーヒーは切り離せない関係。自分好みのマリアージュを探そう。

パンとコーヒーのペアリング　TOTAL 約1時間

オススメ時間 10:00〜11:00　予算 1000円〜

 パンが揃うお昼前が狙い目
最近は、サードウェーブコーヒーの影響で浅煎りのさっぱり飲みやすいコーヒーが主流。酸味があるので同系のサンドイッチやデニッシュなどと合う。

CAMELBACK sandwich & espresso

サンドイッチも
ラテも絶品！

CAMELBACK
sandwich & espresso
キャメルバック サンドウィッチ＆エスプレッソ

奥渋谷にたたずむコーヒースタンド。元寿司職人によるサンドイッチと人気カフェ出身のバリスタが入れるラテが話題。

Map P.121-A1 代々木

渋谷区神山町42-2　03-6407-0069
9:00〜18:00　不定休　地下鉄代々木公園駅4番出口から徒歩6分

待ってまーす！

めっちゃおいしー〜

with Sandwiches

TRASPARENTE
トラスパレンテ

中目黒にある ハイセンスな店

最強の組み合わせ♡パンとコーヒー

プチぼうけん 6

こだわりCoffee
コーヒー 510円
ホットは地元にあるカフェファソンのスペシャリティコーヒーを提供。

ガッティを実食!

ガッティ 158円
ツヤツヤのフルーツがONのガッティ(フルーツデニッシュ)。ひと口サイズもいい

パリパリがいいね♡

1. 店内のバックヤードでどんどん作られるパンたち 2. イートインスペースは付近住民憩いの場 3. 木目調のおしゃれな外観

イタリアで修業した森直史シェフが中目黒にて5人ではじめたベーカリーカフェ。なるべく焼きたてをと提供頻度が高いのがうれしい。

Map P.120-B1 中目黒
🏠 目黒区上目黒2-12-11 FDビルディング1F ☎03-3719-1040 ⏰09:00~18:00 休火 🚃東急東横線・地下鉄中目黒駅から徒歩3分 Card 🚭 Keep

Chigaya Bakery
チガヤベーカリー

ほんの少しよい気分に♪

チョコチップメロンパン 309円
メロンパンの上に水玉模様のようにちらしたチョコチップがかわいい

こだわりCoffee
アイスカフェラテ 649円
ドーナツに合うようにオーナー自ら選んだこだわりコーヒーを使用。

プレーンドーナツ 237円
きび砂糖を使用。甘すぎず素朴な味わい

1. たっぷりカスタードに赤いサクランボがキュートなクリームドーナツ 399円 2. 海外にいる気持ちになれる

グラマラス 376円
クリームチーズ、クルミ、イチジクが練り込まれたハードなパン

湘南辻堂にあるベーカリーカフェの2号店。外国のエッセンスを取り入れたオリジナルの空間でいただくパン&コーヒーで至福のときを。

Map P.119-A4 蔵前
🏠 台東区鳥越2-8-11 ☎03-5829-5809 ⏰8:00~18:30(ドーナツ10:00~) 休 地下鉄蔵前駅A3出口から徒歩7分 Card 🚭 Keep

41

プチぼうけん 7

お国柄あふれるパンを食べて世界旅行気分を味わおう

世界には、食べきれないほどバラエティ豊かなパンがズラリ。風土や食文化の違いにより、国によって素材も、作り方も食感もさまざま。ぜひ、各国の味に出合うパン巡りの旅へ！

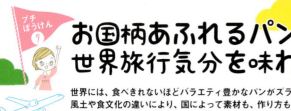

FRANCE

ココが特徴 → 基本的に材料は小麦粉、パン酵母、塩、水のみ。パリッとした皮と小麦の風味にこだわりあり。

クロワッサン 270円
仏A.O.P.認定の発酵バターを使った贅沢な味わい。サクサク＆しっとり食感も◎

バゲット 367円
仏・ヴィロン社の最高級小麦を使用。皮はカリッ、中はモチモチ

パリで名をはせる実力店
ル・グルニエ・ア・パン 麹町店

本店はパリにあり、フランスのバゲット大会で2度の優勝歴をもつ名店。麹町店では、フランス産の素材を使い、本場と同じ味を再現。

Map P.119-B3 麹町
🏠 千代田区麹町1-8-8 グランドメゾン麹町1F ☎03-3263-0184
⏰8:00〜21:00、土・日・祝9:00〜20:00 🚇地下鉄半蔵門駅4番出口から徒歩1分
Card Keep

U.S.A.

ココが特徴 → ユダヤ系移民から伝わったベーグルのほか、多民族国家らしくパンの種類もバラエティ豊か。

レインボーカラーベーグル 378円
通常のベーグルの約7倍の手間をかけ、職人がていねいに手作り。土・日曜限定

上／クランベリービーツベーグル 302円
生地はドライクランベリーとビーツの粉末入り。甘すぎず、ターキーを挟むのもおすすめ

左／ユニコーンベーグル 378円
伝説の一角獣ユニコーンをイメージしたカラー

SWEDEN

ココが特徴 → ライ麦主体のパンが多い。シナモンロールのように植物の種やスパイスを使ったパンも豊富。

カルダモンロール 300円
スウェーデンで国民的人気の菓子パン。生地にカルダモンを練り込んであり、鼻に抜けるさわやかな香りがgood！

味わい深い北欧パンの専門店
VANER ヴァーネル

世界各地でパン作りを学んだ宮脇さんが開いた店。小麦やライ麦入りのサワー種で作る北欧伝統の天然酵母パンを販売。常時8〜10種。

Map P.122-A2 谷中
🏠 台東区上野桜木2-15-6 上野桜木あたり2
☎03-5834-8137 ⏰8:00〜15:00 休月・火（祝は営業） 🚇JR・京成本線、日暮里・舎人ライナー日暮里駅西口から徒歩10分
Card Keep

サワードウブレッド 1200円
香ばしい皮ともっちりクラム、ソフトな酸味が特徴。北欧の定番

コルネッティ各種 291円〜
発酵バターを折り込んで焼いたサクサクパン。カスタードクリームなどを上にのせたものも

ミラノで誕生したイタリアンベーカリー
プリンチ 代官山T-SITE
プリンチ ダイカンヤマティーサイト

ミラノで発酵、ペストリーやピッツァなどイタリアを代表する品々が楽しめる店。イタリアと日本の食材を融合した独自のレシピが好評。

Map P.120-B1 代官山
🏠 渋谷区猿楽町16-15 代官山T-SITE N4棟 ☎03-6455-2470 ⏰7:00〜20:00 休不定休 🚇東急東横線代官山駅中央口・西口から徒歩6分
Card

直焼きフォカッチーノ スペック＆ロマネスコ 1058円 ※11:00〜
直焼きフォカッチャに生ハムの燻製やイタリア野菜などをサンド。アンチョビソースが隠し味

ITALY

ココが特徴 → ジェノバ発祥のフォカッチャ、アドリアのチャパタなど地方により味や形、製法が異なり多彩。

42

見て、食べて、楽しい 世界のパンを食べ歩き

お気に入りの国のパンだけをいろいろ試したり、各国の味を比べたり、楽しみ方はさまざま。旅するように自由気ままに！

お店の雰囲気も楽しもう
TOTAL 1時間

- オススメ時間 8:00〜14:00
- 予算 300円〜

💡 **早めの時間、イートインが狙い目**
人気が高いパンは夕方には売り切れている場合があるので、開店から午後早めの時間に行くのがベター。インテリアなどに各国の雰囲気が漂う店もあり、イートインOKなら店内で味わうのもおすすめ。

プチぼうけん

お国柄あふれるパン

どのパンもおいしそう〜

エンサイマーダ チョコラテ 350円
たっぷりの濃厚チョコでコーティングし、サクサクのシリアルチョコをトッピング

SPAIN *from*

王室も認める超一流の味わい
マヨルカ

オリジナルのパンやお菓子が揃うスペイン王室御用達のグルメストア。マヨルカ島の伝統的な菓子パン、エンサイマーダが名物。

特徴 ココが バゲットに生ハムなどを挟んだボカディージョやラード入り生地で作るエンサイマーダが有名。

Map P.117-C1 二子玉川
🏠 世田谷区玉川1-14-1 二子玉川ライズS.C. テラスマーケット2F
☎ 03-6432-7220
⏰ 9:00〜21:00 休施設に準ずる
🚃 東急田園都市線・東急大井町線二子玉川駅東口から徒歩3分
Card Keep

エンサイマーダ クレマ・ピスタチオ 380円
ピスタチオのバタークリームをサンド。ダイスの食感もgood

オレオモンスター 1069円
オレオ&ソフトクッキーに、ブルーベリークリームチーズをサンド

SNS映え必至のカラフルベーグル
NEW NEW YORK CLUB BAGEL & SANDWICH SHOP
ニュー ニューヨーク クラブ ベーグル アンド サンドイッチ ショップ

ハンドメイドしたNYスタイルのベーグルを販売。色鮮やかで見ためも楽しい品々が揃い、スプレッドやトッピングを選んでサンドイッチにすることもできる。

Map P.119-C3 麻布十番
🏠 港区麻布十番3-8-5 ☎ 03-6873-1537
⏰ 9:00〜18:00、日〜17:00 休不定休
🚃 地下鉄麻布十番駅1番出口から徒歩3分 Card Keep
※現金不可

プレッツェル 240円
店の看板メニュー。表面のカリッとした歯触りが印象的

フランク クロワッサン 300円
デニッシュ生地でジューシーなフランクフルトをロールアップ

GERMANY *from*

素材にこだわるドイツパン専門店
FRAU KRUMM フラウ クルム

テニスプレーヤー伊達公子さんによるプロデュース。ドイツ産のビオ小麦やライ麦を使った本格的なドイツパンをラインアップ。イートイン可。

特徴 ココが 世界有数のパン大国。ライ麦入りの黒パンや生地をラウゲン液に浸すプレッツェルが代表的。

Map P.120-B2 恵比寿
🏠 渋谷区恵比寿1-16-20 ☎ 03-6721-6822
⏰ 7:30〜18:00、土8:00〜 休日
🚃 JR恵比寿駅西口・地下鉄恵比寿駅1番出口から徒歩5分 Card

こだわりは自家製パン&手作りの具
EBISU BANH MI BAKERY
エビス バイン ミー ベーカリー

バインミー専門店。ベトナムの老舗ベーカリーや精肉店で伝統的な製パン技術やパテ作りをマスターし、本格的な味を提供。

Map P.120-B2 恵比寿
🏠 渋谷区恵比寿1-8-14 えびすストア内 ☎ 03-6319-5390
⏰ 11:00〜20:00 休日
🚃 JR・地下鉄恵比寿駅西口・1番出口から徒歩2分 Keep

VIETNAM *from*

特徴 ココが フランス伝来のバゲットに肉や魚、パクチー、酢漬け野菜などを挟んだバインミーが国民食。

バインミーサイゴン 780円
店の人気No.1。チャーシューやレバーパテなどを挟み、チリソースで風味付け

焼餅（+油條、葱蛋、肉鬆） 630円
台湾風白ゴマパンの焼餅にネギ入りのオムレツや油條、デンブをサンド。鹹豆漿500円（右）と味わうのが台湾流

豚肉のデンプ 肉鬆120円のトッピングが◎

台湾流はパンにパンをサンド
東京豆漿生活
トウキョウトウジャンセイカツ

豆乳スープの豆漿や揚げパンの油條、ニラ卵やゴマ餡などの具があるパイ皮饅頭のほか、台湾式の朝ごはんを楽しめる。台湾人のオーナー夫人直伝の味。

Map P.119-C3 五反田
🏠 品川区西五反田1-20-3 ☎ 03-6417-0335
⏰ 9:00〜15:00 休日
🚃 東急池上線大崎広小路駅から徒歩2分 Card

TAIWAN *from*

特徴 ココが 蒸し生地の包子や、ラード入り生地を幾層も折り畳んで焼く酥餅などが中華圏ならでは。

43

プチ
ぼうけん
8

この街にもこんな店があったんだ！
ローカルに愛される名店たち

昭和な雰囲気の街並みにセンスのよいお店が点在する早稲田と根津。付近住民だけでなく、わざわざ訪れる価値ありのベーカリーを目指して！

ほっこり和む
下町パン散歩

ノスタルジックでのんびりムードが漂うなか、ひょっこり現れるセンスのよいパン屋さん。どことなく和テイストの居心地のよい空間でこだわりパンをいただけば、気持ちもほっこり和みそう。

下町エリアでパン巡り　TOTAL 3時間

オススメ時間　11:00〜14:00　　予算　1500円〜

💡 話題のベーカリーを訪れる
早稲田と根津のパン屋さんに行ってみよう。神田川ベーカリーがある都電早稲田電停周辺から根津駅は都バス58番でアクセスできる。所要約40分。

カレーパン
ひとつください

食パン、カンパーニュなどパンの種類が豊富。対面式でスタッフの方にパンを取ってもらう

犬を連れて
行けるね！

おいしいワン！

都電早稲田電停の近くにある

神田川ベーカリー

「ちょっとした幸せを届けたい」という思いからパン屋さんをスタート。添加物を使用せず選び抜かれた素材で作られた安心・安全なパンがずらりと並ぶ。

Map P.119-A3　早稲田
📍豊島区高田1-11-14　📞070-6971-0731
🕐11:00〜18:00　📅月・火　🚃都電荒川線
早稲田電停から徒歩3分　Card 不可　Keep 不可

中身見ちゃいました！

あんことクリームチーズ 226円
あんこの甘味とクリームチーズの酸味が絶妙

枝豆とゴーダチーズのフォカッチャ 313円
さわやかなグリーンと黄色で見た目も鮮やか

あぶくりのカレーパン 280円
総菜パン人気No.1。カレーのうま味がじゅわり

\純和風でステキ♡/

プチぼうけん 8

ローカルに愛される名店たち

お待ちしてます！

1. 水分量が多くふんわりなのにリッチな味わい、ごまとレーズンのパンドミ560円 2. 山食やパンドミが朝から順次焼き上げられる

何度もリピートしたくなる！

根津のパン

風情のある木の扉を開けると広がるパンの世界。自家製レーズン酵母を使用、長時間発酵で作られたもっちり＆しっとりのパンが味わえる。

Map P.122-A1 根津
🏠 文京区根津2-19-11　☎ 非公開
🕙 10:00〜19:00　休 月・木　🚇 地下鉄根津駅1番出口から徒歩1分　※現金のみ

中身見ちゃいました！

フルーツカンパーニュ 350円
ドライフルーツがたっぷりで濃厚な味わい

黒豆ときなこ 210円
黒豆の甘煮にきなこを練り込んだやさしい味

左は、甘味と塩味のバランスがよい、あんこクルミ000円、下はクリームチーズ＆ブルーベリージャム220円。どちらもしっとりやわらかな味わい

超レトロ♪

レトロな雰囲気の店内がかわいい

大平製パン

人気商品は種類豊富でボリューム満点のコッペパン。定番のジャムや卵をはじめ約15種類。パンに付いた女の子の焼き印もキュート。

Map P.122-A1 千駄木
🏠 文京区千駄木2-44-1　☎ 非公開
🕙 8:00〜20:00（売り切れ次第閉店）　休 月（不定休あり）　🚇 地下鉄千駄木駅1番出口から徒歩5分　Card 🚭 Keep

根津は街歩きがおもしろい！

Bonjour mojo²

にゃ〜

パン好きの間で話題なのが根津・千駄木。根津のパンを筆頭に、「大平製パン」「Bonjour mojo²」「ベーカリーミウラ」などおいしいパン屋さんが集結。ところどころにあるギャラリーをのぞきながらパン屋さん巡りしましょう。

ベーカリーミウラ → P.62　Bonjour mojo² → P.88

お散歩も楽しいですよ♪

45

プチぼうけん 9
話題のパン飲みを楽しもう
達人が伝授するパン×お酒のマリアージュ

パンをつまみにワインやビールを楽しむパン飲みは、もはや大人女子のたしなみ。そこで、達人に教わるスマートなパン飲みのコツとおすすめ店をご紹介！

パン飲みの極意を達人がレクチャー

パン×お酒の達人がおすすめの組み合わせをアドバイス。選び方がわかれば、パン飲みがもっと楽しくなるはず！ ぜひ参考にしてみて。

パン×お酒の達人
「まさもと」店主／大木正幹さん

実家は100年続く酒販店。パン飲み店の草分け「パーラー江古田」(→P.61)で腕を磨き、2017年に独立。国産小麦や自家製酵母を使ったハード系のパンと自身のお気に入りの酒を提供。

自家製パンのある飲食店へ

TOTAL 2時間

オススメ時間 19:00～23:00
予算 3000円～

💡 **お酒とのマッチングがスムーズ**
パン飲みは、自家製パンを焼く飲食店がベスト。選んだパンの特徴を知っているので、ピッタリのお酒が見つかる。

山陰東郷 炭酸割専用
グラス700円
炭酸割用の日本酒。紹興酒に似てパンチが強く、氷を浮かべてロックで飲むのも◎。和だしの効いた料理に

パン盛り 420円
日替わりで4～5種類。写真はベリーとカシューナッツの全粒粉パン、イチジクとホワイトチョコのパンなど4種

キノコのテリーヌ 800円
シイタケ、舞茸、エノキ、ベーコンを和風だしのゼリーで寄せ固め。うま味たっぷり

with Sake

達人の店 まさもと

自然派ワインとクラフトビール、自家製酵母パンを楽しめるバー&パン屋。パンは日替わりで約10種類を用意。2021年10月、立ち飲み&テイクアウトの店として移転オープン。

Map P.117-A1 下赤塚
🏠板橋区赤塚2-7-6 アプリコットガーデン104
📞03-6906-8313(変更の可能性あり) 🕐12:00～20:00 休月・日 🚉東武東上線下赤塚駅北口・地下鉄地下鉄赤塚駅から徒歩3分 Keep

達人によるお酒セレクション

赤ワイン
ラ プティット オゼイユ
ガメイ種による仏産自然派ワイン。ベリーの風味が華やかですっきりと軽やかな口当たり。どんなパンにも合う万能タイプ

白ワイン
デラウェア・ガール・オレンジ 2019
山形県産デラウエアを皮ごと使ったオレンジワイン。酸味とうま味のバランスがよくナッツやドライフルーツ入りのパンに

スパークリングワイン
ピュジェ セルドン 2019
甘さと酸味の調和に優れたロゼ泡。繊細な飲み口ながら存在感はしっかり。爽快な飲み口を引きたてる果実入りのパンに

ビール
カケガワビール ほうじ茶エール
掛川産のほうじ茶を使ったブラウンエール。ほうじ茶の香ばしさと麦の風味がマッチ。ゴマ入りや和素材のパンを合わせて

※お酒の品揃えは在庫状況により変わるので、店によっては掲載したお酒がなくなっている場合もあります。

パン×スパークリングワイン
Cise Bread & Wine
チセ ブレッド アンド ワイン

北海道出身のシェフが地元の食材をふんだんに使い創作フレンチを提供。著名なパン職人から伝授されたパン作りの腕も評判。日替わりで4〜5種類を用意。

Map P.122-A2 根津
🏠 台東区池之端3-4-19 1F　☎ 03-6884-1989　🕐 12:00〜L.O.14:00、18:00〜L.O.22:30　❌ 不定休　🚇 地下鉄根津駅2番出口から徒歩6分　Card 🚭 Keep

達人からのアドバイス

シュワッと心地いい飲み口の泡ワインは濃厚な甘味をもつドライフルーツ入りのパンや塩味の強いパンと楽しんで。適度に余韻が流され後味がスッキリ、さわやかなテイストも際立ちます。

達人が伝授するパン×お酒のマリアージュ

プチぼうけん 9

with Sparkling Wine

いも豚のバラ肉のスパイス煮 2400円
きめ細かな肉質の千葉県産銘柄豚を、クミンやカイエンペッパーなどのスパイスを加えたトマトソースで煮込みに

メトード・アンセストラル・ピエージュ・ア…ロゼ 2019 グラス1320円
微発泡酒の名手レ・カプリアードの泡ロゼ。イチゴのような果実味とミネラル感が特徴

パン3種盛り合わせ 660円
日替わりで3〜4種を提供。写真はチーズや青海苔のチャバタ、ゆかりのフォカッチャ、食パンなど

1. 手作りパンは高加水のもっちりタイプ。レーズンを使った自家製酵母で発酵させており、ワインとの相性が抜群。テイクアウトもOK　2. ソムリエの宮武あゆみさん。ワインの品揃えはフランス産や日本産を中心に約300本　3. 上野動物園の裏手にある隠れ家風の店　4. テーブル席のほか、カウンタースペースもあり　5. シェフは、新富町にある創作野菜料理の名店での修業中にワインの魅力やパン作りの楽しさに開眼

僕もソムリエ資格あります！

「Cise Bread & wine」オーナーシェフ／宮武郁弥さん

47

パン×ワイン
boulangerie bistro EPEE
ブーランジェリー ビストロ エペ

無添加素材で作る自家製パンが名物のブーランジェリー。隣接したビストロでは、こだわりのパンと自然派ワイン、フランスの郷土料理を味わえる。

Map P.123-C1 吉祥寺

武蔵野市吉祥寺南町1-10-4　☎0422-72-1030
Boulangerie9:30〜18:30、Bistro10:30〜23:00(L.O.22:00)、日・祝〜22:00(L.O.21:00)　交JR・京王井の頭線吉祥寺駅南口(公園口)から徒歩2分　Card Keep

達人からのアドバイス
重厚で飲み応えのある赤ワインには全粒粉やライ麦入り、軽やかな赤や甘めの白にはドライフルーツ入りのパンがおすすめ。白でもキリッと酸味が効いたものなら、どんなパンとも相性よし。

1

2

3

with Wine

リースリング サン スフル　1300円
白桃や洋ナシのような香りが特徴の自然派白ワイン。無添加パンと相性ピッタリ

パン盛り合わせ　400円
(ひとり当たりのパンチャージ)
料理に付くパンは、おまかせで2種。写真は、カンパーニュナチュールと店の定番バゲットブラン

4

5

1,2. ブーランジェリーでは40〜60種のパンを販売。14:30〜17:00はビストロでのイートイン可　3. 自家製ブイヤベース1780円。産直の魚介を贅沢に使い、2日間煮込んだ濃厚風味　4. 人気のマスカルポーネ食パン350円　5. フランスの街角を思わせる外観　6. ソムリエでもある大森さん

気軽にパンとワインを楽しめます

「boulangerie bistro EPEE」マネージャー／大森 武さん

6

48

with Beer

（上）いぶりがっこのバトン 280円
いぶりがっこ、エメンタールチーズ、カシューナッツがいっぱいのうま味バトン

（下）ムー オリーブ 360円
小麦に対して120%も水分が入るもちもちパン。オリーブの塩気がポイント

和牛炭火ハンバーガー フライドポテト添え 1600円
毎日焼くバンズに和牛100%パティを挟んだ王道バーガー

プチぼうけん 9

達人が伝授するパン×お酒のマリアージュ

beer bread 700円
ライ麦入りのブリコラージュブレッドが原料。香ばしい風味でパンにピッタリ！

達人からのアドバイス

コク深く、独特の風味をもつ黒ビールには、香ばしくて酸味のあるライ麦パンがよく合います。フルーティな白ビールは、ブリオッシュなどリッチな味わいのパンとバランスがいいですよ。

1.「昭和の町工場」をイメージした店 2. ダイニングには築100年の古民家の古材を利用 3. テラス席も心地いい 4. 看板のブリコラージュブレッド1600円は酸味が柔らかで小麦の風味満点のカンパーニュ 5. パンドプレミアム500円もぜひ。甘味と香りが凝縮したモッチリ＆しっとりなパン・ド・ミ 6,7. オープンサンドを作る際にどうしても出てしまうおいしいパンの耳を使ったビール。「和食に合いますよ」と森下さん

パン×ビール
bricolage bread & co.
ブリコラージュ ブレッド アンド カンパニー

国産小麦の全粒粉パンを中心に販売。併設のダイニングでは、タルティーヌやハンバーガーなど彩り豊かなパンメニューを楽しめる。

Map P.119-B3
六本木

🏠 港区六本木6-15-1 けやき坂テラス1F 🍞ベーカリー 03-6804-1980、レストラン 03-6804-3350 🕖7:00～19:00、金～20:00、土・日・祝8:00～20:00 休月（祝は営業） 🚇地下鉄六本木駅1c出口から徒歩6分
Card Keep

癖がなく飲みやすいビールです

「bricolage bread & co.」マネージャー／森下偉雄さん

プチぼうけん ⑩

自分で作るときめき 手作りパン教室をいざ体験！

なんといっても、焼きたてパンしか勝たん！ 初心者OKの大手料理教室で手作りパンを楽しく作っちゃおう。

ABCクッキングスタジオでパン作りレッスンを楽しむ

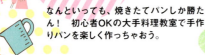

Start! / 作るぞ〜！ / Yeah!

体験したのは……
ANちゃん＆RIRIちゃん
学生時代からの友達。ふたりとも大のパン好きで休日にはパン屋さん巡りに出かける日々。ANちゃんは甘系、RIRIちゃんはお総菜系が好き♡

おいしいパンが自分で作れたら最高。そんな夢をかなえてくれるのが、実践方法を先生が一から教えてくれるABCクッキングスタジオ。ウワサのワンコイン体験へ急げ！

パン教室で体験レッスン
TOTAL 2時間
予算 500円
エプロン、ハンドタオルを持参して

会員数世界154万人の料理・パン・ケーキが学べる料理教室。まずは500円で参加できるレッスンを体験してみよう。パン生地のこね方から発酵、焼き上げまで教えてくれる。少人数のレッスン。

材料はコチラ！
スタジオに到着、受付後ロッカールームでエプロンに着替えて身支度を。担当の先生が材料を計量してくれているので楽チン！

まぜまぜ / けっこう力がいるね

混ぜる
早速、材料を混ぜるところからスタート。今日作るのは体験の定番メニュー「カフェオレパン」。コーヒー風味のふんわりパン生地にチョコチップがたっぷり。

こうやるといいですよ

V字にこねる
こねていくと生地のベタベタがなくなりツルンとしたまとまりに。ムラがなくなってきたら次はV字ごね。台の上に広げて強く押しつけてこねこね。

ムズい！ / いち / に / さん！ / たのし〜

こねる
おいしいパンになるための大切な過程。生地によってこねる感覚も違うので、しっかり身に付けたいところ！

50

Let's make bread!

プチぼうけん 10

手作りパン教室をいざ体験！

いただきまーす♥

試食Time

コーヒーの香りが絶妙！もちもち＆ふわふわで、「おいしい！」の連発。重要なところは先生が教えてくれたので失敗もなし。

できた！

完成！
焼きたてのいい匂い。アーモンドスライスのトッピングもきれい♪世界にひとつだけのパン！

焼く
生地をカットして切り口を上にして並べたら二次発酵後、つや出しをしてオーブンへ。

成形
伸ばした生地にたっぷりのチョコチップをのせたら、くるくる丸めていく。

私が見本を！

会社帰りにも寄れちゃうね！

伸ばす
最終段階。休ませた生地を取り出し、めん棒で伸ばしていく。けっこうむずかしい。

体験に参加してね

しっかり教えます

広報 中谷さん　宮谷先生

丸めて発酵
指で押さえて硬さをチェック。ほどよい弾力が出てきたら発酵へ。

丸め直し
発酵のあとはガス抜き。その後布をかぶせて10分間のベンチタイム。生地を休ませる。

取材協力してくださった教室
駅近で広くてきれいなスタジオ

ABC Cooking Studio
コレド日本橋スタジオ
エービーシークッキングスタジオ

教室ツアー
発酵中には使用した道具を洗って、ABCクッキングスタジオ内をツアー。いろんなコースがあってどれも魅力的。

コレド日本橋の3階にあるスタジオ。ほかに丸の内、渋谷、新宿、池袋などにもある。どこも駅から徒歩数分。500円の体験レッスンメニューは2ヵ月ごとに変更あり。ディズニーキャラクターをモチーフにした体験レッスンメニューもある。

Map P.119-B4
日本橋
URL https://www.abc-cooking.co.jp

※撮影のため2倍量で作成しています。実際の体験レッスンはお持ち帰りおひとり様1個となります。また、実際のレッスンでは、マスク・手袋を着用。試食時はアクリル板を設置しています。

パン屋巡りは
もはやエンタメ！

パンへの愛がもっと深まる！
毎日をアップデートしてくれる
感動の東京パン♡

食パンにサンドイッチ、フランスパン、お総菜パン、ハード系など、
個性とオリジナリティがきらりと光る東京のパンをご紹介！
毎日食べても感動するくらいおいしくて、
ほんの少しやさしい気持ちになれるパンってステキだね。

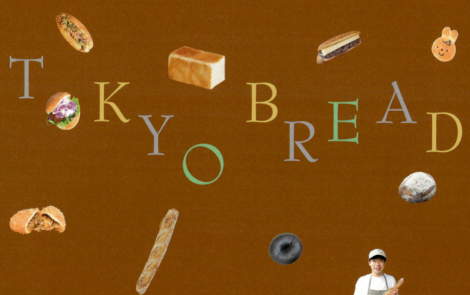

TOKYO BREAD

日本の朝ごはんの主役はコレ！
毎日食べたくなる
究極の食パンを求めて♡

空前の食パンブームのなか、おいしい食パンが続々誕生中。そこで、今チェックしておくべき推し食パンをピックアップ。お気に入りを見つけて、ご機嫌な朝ごはんを楽しんじゃお！

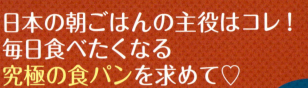

食パンの種類について →P.15

角食　山食

食パンはおもに2種類。イギリス発祥の山食パンとアメリカ発祥の角食パン

おいしいのよ〜！

毎日行列ができるほどファンがいっぱい♪

コッペパンもあるよ

予約がいっぱい！

パンは食パンとロールパンがメイン♪

浅草で約80年愛され続ける名店

パンのペリカン

1942年に創業した老舗。「毎日食べられる、飽きのこない味」をコンセプトに、シンプルな材料でしっかりと小麦の風味が感じられるパンを販売。

Map P.119-A4 田原町

🏠 台東区寿4-7-4　☎03-3841-4686
🕗 8:00〜17:00　📅 日・祝　🚇 地下鉄田原町駅2番出口から徒歩2分　※現金のみ

祖母の代から通い続けている「パンのペリカン」。お昼頃に売り切れてしまうことも多いので予約がマスト。（東京都・ぺり美）

覚えておこう！
食パンのおいしい味わい方と保存方法

DAY 1
生地のしっとり感は買った当日だけのご褒美。ぜひ焼かずに生食で楽しんで。バターをのせてもOK。残りは乾燥しないように保存袋に入れ常温で保存しよう。

DAY 2
軽くトーストして表面の香ばしさや中のふんわり感を味わって。余ったら、好みの厚さにスライスして1枚ずつラッピング。まとめて保存袋で密閉し、冷凍庫へ。

DAY 3
冷凍したパンは自然解凍後、予熱したトースターで焼くと水分が逃げずしっとり食感に。未冷凍のものは、フレンチトーストやパングラタンなどにアレンジを。

食パンは1斤、1.5斤、2斤、3斤を用意。ロールパンもぜひ

小麦の香りがたまらんわ〜

究極の食パンを求めて♡

✓check

編集部ひとことコメント
きめ細かで重量感のある生地。もちふわ食感で、食べ応えあり

狙い目時間 午前中

食パン
1斤 430円〜
焼くとフワッとした食感。耳までおいしい

package

焼きたてパンをその場で味わいたい人必見！
直営カフェで味わう絶品パンメニュー

こだわりパンをもっとおいしく！
ペリカンカフェ

「パンのペリカン」の直営。自慢のパンを使い、特注の炭火焼き器によるトーストや生食パンの味わいを生かした品々を提供。

Map P.119-A4 蔵前

台東区寿3-9-11　03-6231-7636　9:00〜L.O.17:00
日・祝　地下鉄蔵前駅A5出口から3分、地下鉄田原町駅2番出口から徒歩4分　Card

小豆トースト 540円
たっぷりの粒あんや、ホイップバターなどをトッピング。11:00〜

白いチーズトースト 760円
モッツァレラ、パルミジャーノ・レッジャーノなど3種のチーズをオン。11:00〜

厚切り食パンを特注の網にのせ炭火焼きに。特製ジャムなどと
炭焼きトーストセット ドリンク付き 650円

「パンのペリカン」は創業約80年、現在4代目。昔ながらの製法を守る"パン業界の財産"と言われ、映画化や書籍化もされたほど。

55

Eat and compare

セントルトーストセット 食パン3種 ジャム+バターセット 1980円

角食パンなど名物食パン3種を食べ比べできる。北海道美瑛にある自社牧場産の牛乳付き。10時からオーダー可。

バター3種(上から)
- フランス産 エシレバター
- 自社牧場 北海道 "美瑛ファーム"産バター
- 国産メーカーのバター

スプレッド3種(左から)
- ブルーベリージャム
- オレンジジャム
- イチゴジャム

ジャムは6種類から選べるよ

スプレッド3種(左から)
- ルバーブジャム
- アカシアハチミツ
- コティディアンクリーム (ヘーゼルナッツ&チョコ)

果実味がたっぷり

国外の製品がズラリ！

☑check
編集部ひとことコメント
5枚切り程度の厚めのスライスがベスト。チーズとも相性抜群

狙い目時間 昼過ぎ〜夕方前

角食パン
1本(2斤) 972円
北海道産小麦ゆめちからを使用。生食がおすすめ

角食パンはしっとり&モチモチ！

シェフ・キュイジニエ 齊藤和也さん

1. 世界のジャム大会で優勝歴多数のミオジャムを使用 2. トーストセットでは、好きなトースターを選んで自分でパンを焼く

こだわり食パンの食べ比べも楽しもう
CENTRE THE BAKERY
セントル ザ ベーカリー

有名ベーカリー「ヴィロン」が営む食パン専門店。一番人気の角食パンやイギリスパンなど3種を販売。併設のカフェには食パンの食べ比べセットも。

Map P.122-B2 銀座
🏠中央区銀座1-2-1 東京高速道路紺屋ビル1F ☎03-3562-1016、カフェ 03-3567-3106 🕙10:00〜19:00(売り切れ次第閉店)、カフェ9:00〜19:00(L.O.18:00) 🚇地下鉄銀座一丁目駅3番出口から徒歩1分 💳(カフェのみ、ベーカリーは現金のみ)

カフェでは自家製パンを使ったメニューを用意。ホテルのラウンジのようなステキなインテリア

---

56 「AOSAN」のコロパンが大好き♡ ベーグル生地で作ったミニ食パンで、みっちりと重量感のある生地が特徴。(東京都・あや)

ご来店を
お待ちして
います

イギリスパン259円も好評。
ごく少量のイーストで発酵

究極の食パンを求めて♡

角食
1斤 280円

4種類の北海道産小麦をブ
レンドし、低温長時間発酵

✓check

編集部ひとことコメント
小麦粉の味わいが生きる滋味深
いパン。口どけのよさも最高♡

焼き上がり時間
12:00

角食目当てに開店前から長蛇の列
AOSAN 仙川店
アオサン

自家製酵母で作るパンを販売。大人気の角
食は1日約100斤の製造で、連日、開店から1
時間もせずに売り切れてしまう幻の食パン。

Map P.117-B1 仙川
🏠調布市仙川町1-3-5 ☎03-5313-0787
⏰12:00〜18:00（売り切れ次第閉店）休月・日 🚃京王
線仙川駅から徒歩4分 ※現金のみ

---

slice

東京みるく
食パン
1本(1.5斤)
900円
国産バターやハ
チミツも追加し、
コクをアップ！

✓check

編集部ひとことコメント
ふっくら軟らか。ほんのり甘い
ミルクの風味も◎。まず生食で！

狙い目時間
昼過ぎ

ミルク感満点！　牛乳屋さんが作る食パン
牛乳食パン専門店みるく 渋谷店

バッグも
かわいい
ですよ♪

牛乳屋さんが開いた食パン専門店。水の代わ
りにたっぷりの牛乳を使い、濃厚な北海道産
生クリームや練乳も加えてリッチな味わいに。

Map P.120-A1 渋谷
🏠渋谷区渋谷3-16-3 ☎03-6427-9369
⏰11:00〜20:00（売り切れ次第閉店）休水
🚃JR渋谷駅新南口から徒歩2分 Card

---

pick UP

レブレッソ
ブレッド
1斤 650円

ほんのり甘く、独
特のうま味が特
徴の山型食パン

しっとり
ふわふわ

slice

食パン
5枚切り 550円
自家製粉した北
海道産小麦をミ
ルク酵母で発酵

slice

炊きたてのごはん
みたいにモチモチ
LeBRESSO
目黒武蔵小山店
レブレッソ

食パン＆コーヒーの専門店。
看板商品のレブレッソブレッ
ドは、独自の湯種製法によ
り、まるでごはんのようなモ
チッとした仕上がり。

Map P.118-C2 武蔵小山
🏠目黒区目黒本町3-5-6 ☎03-6712-
2780 ⏰9:00〜19:00(L.O.18:30)、
土・日・祝8:00〜 休不定休 🚃東
急目黒線武蔵小山駅西口から徒歩2
分 Card Keep

季節限定の
食パンも！

✓check

編集部ひとことコメント
トーストしてバターをたくさん
塗って食べると、おいしさ倍増！

狙い目時間
10:00〜12:00

ツバメの
イラストが
目印！

ベーカリーミウラ　→P.62

✓check

編集部ひとことコメント
ミルキーでやさしい甘み。焼くと、
歯切れのいいモッチリ食感に

焼き上がり時間
9:00/13:00（13:00は予約のみ）

「牛乳食パン専門店みるく」では濃厚ミルク入りの食パンをラスクに。こだわり牛乳を使ったソフトクリームやプリンもおすすめ。

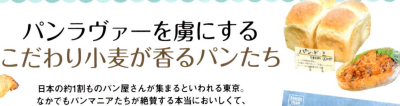

パンラヴァーを虜にする
こだわり小麦が香るパンたち

日本の約1割ものパン屋さんが集まるといわれる東京。なかでもパンマニアたちが絶賛する本当においしくて、こだわりが詰まった、腕利き職人のいるお店をご紹介！

こだわりポイント
自家栽培の小麦

総菜パンも個性的なメニューがいっぱい

小麦の栽培から一貫して行うパン作り
Seeds man BakeR
シーズ マン ベーカー

自家製粉した粗びきの全粒粉を使ったパンをラインアップ。店主は茨城県の有機栽培農家とともに自ら小麦を栽培し（※）、自然の風味あふれるパンにアレンジ。

Map P.118-B2 方南町
- 杉並区方南1-50-4 平岡ビル1F ☎03-5329-0755
- 9:00〜19:00 ⊛月・火
- 地下鉄方南町駅2番・3a出口から徒歩10分、京王線笹塚駅北口から徒歩14分 ※現金のみ Keep

※2021年9月現在、新型コロナウイルス感染症拡大のため小麦の自家栽培は休止中。一時的に厳選した国産小麦を使用しています。

1. 約50種のパンを販売 2. 青いテントとご主人の似顔絵が目印
3. 彩り豊かな総菜パン 4. 店名どおり種まきから携わるパン作り

58　「Seeds man BakeR」で手に入る深大寺養蜂園（→P.93）のハチミツが美味。桜など季節のフレーバーが揃う。（東京都・MUGI）

小麦の自家栽培から実践！
種まきから製粉までのプロセスを大公開

安心な食材を求め、自ら小麦栽培を始めたご主人。自慢の小麦粉ができるまでの様子をご紹介します！

1 10月下旬 種まき

畑に畝を作り、種を手まき。2週間後の発芽が楽しみに！

2 11月下旬 麦踏み

より多くの実を採るための麦踏み。1ヵ月ごとに計4回

3 4月中旬 開花

青々した穂がキレイ。約5日後、小さな花が咲き自家受粉

4 6月上旬 収穫

穂に付いた実が緑色から黄褐色になったら、いよいよ収穫

5 6月上旬 乾燥

収穫後約2週間は、麦束を天日干しして実の水分を飛ばす

6 6月中旬 脱穀

脱穀機で穂と実を分離。選別した実は再び乾燥させて保管

7 製粉
種まきから約8ヵ月、ようやく小麦粉が完成〜！

玄麦は1ヵ月以上冷蔵保管した後、店内にある精米機でホコリや土を削ってから製粉機へ

こだわり小麦が香るパンたち

小麦の風味たっぷり！
シェフ自慢の逸品パン

カントリーブレッド 800円
自家製サワー種を使ったハード系食事パン。国産小麦の全粒粉が20%入り、香り豊か

国産全粒粉100% 800円
店のスペシャリテ。国産全粒粉100%の生地をサワー種で発酵。酸味が楽しく、重さは1kgとずっしり

「国産全粒粉100%」は、オリーブオイルやメープルシロップと相性抜群！

内麦バゲット 360円

白色の国産小麦を素材に焼き上げたひと品。よりシンプルでオーソドックスな味

全粒ロール 90円

湯種製法で作ったもちもちパン。国産小麦の全粒粉の香ばしさと、黒糖や有機豆乳のほんのりした甘味は名コンビ

「Seeds man BakeR」では、パンを中心にグルメな作品を描く「Aki's STORE」(→P.99) の秋山洋子さんが手がけた小物も販売。

小麦粉のアレンジセンスとパティシエ経験の二刀流
boulangerie l'anis
ブーランジュリー ラニス

Map P.123-B2 代沢

🏠 世田谷区代沢3-4-8 RAIROA1F
📞 03-6450-8868
🕐 12:00～20:00
㊡ 木・金
🚃 京王井の頭線池ノ上駅南側出口から徒歩11分、小田急線下北沢駅南西口・京王井の頭線下北沢駅中央口から徒歩13分
Card Keep

ご主人は自他ともに認める小麦マニア。石臼びきの国産粉やフランス産の全粒粉、ドイツ産のライ麦ほか、15種揃う粉をパンに合わせてブレンド。パティシエ経験もあり、フィリングにこだわったおやつパンも好評。

こだわりポイント
15種類の小麦粉を使い分け

1. 日々の品揃えは約40種　2. 連日、開店前から行列ができる店　3. 北海道産の全粒粉キタノカオリや仏産の石臼びき強力粉、群馬産の薄力粉など　4. 渡仏しパティシエ修業も積んだご主人

小麦粉はひとつのパンで最低3種類以上ブレンド。多い時は7種類使っています

ミルクスティック 170円

北海道産バターと練乳で作るコク深クリームが美味！モチッとしたライ麦入りのソフトフランスでサンド

カンパーニュ（ハーフ） 320円
ドイツ産のライ麦粉など7種の粉をブレンドした香り高い逸品。ルヴァン種で発酵し、味わい豊かに

ラズベリー風味のクッキー生地で、チョコ生地をコート。ベリー感がスゴイ！　秋から翌春限定

ラズベリーとチョコチップのメロンパン 250円

クリームパン 180円
ブリオッシュ生地の中に、コックリと濃厚なカスタードを詰め洋菓子風に。ラム酒をたっぷり利かせた上品な味

60　「ブーランジュリー コメット」は季節のタルティーヌやタルトレットも推し。おいしいうえにSNS映えする！（東京都・プチ）

| ハードトースト | 291円 |
油や砂糖を入れないで焼いた食パン

| さつまいものタルト | 313円 |

| イチジクのベーグル | 291円 |
つややか&もっちり。いちじくのうま味がいい

| フルーツブリオッシュ | 313円 |

上：ゴロゴロのさつまいもがそそる！ 左下：まろやかなバナナにキャラメルの風味をプラス 右下：ふんわり甘いブリオッシュにパイナップルとベリーを組み合わせて

| キャラメルバナナのブリオッシュ | 313円 |

| カシューナッツと黒こしょう | 313円 |

黒こしょうのピリッとスパイシーな香りが口いっぱいに

こだわりポイント
石臼で挽いて粉にした小麦を使用

街のシンボル的存在
パーラー江古田

木目のあたたかみを感じる一軒家のベーカリーカフェ。全粒粉やライ麦のハード系パンから、食パン、ブリオッシュまでバリエーション豊かで個性的なパンがずらり。

Map P.117-B2 江古田

🏠練馬区栄町41-7 ☎03-6324-7127 ⏰8:30〜18:00 休火 🚃西武池袋線江古田駅北口から徒歩6分 💳(paypay)

シェフからのコメント
手間ひまかけてていねいに作ったパンやサンドイッチをどうぞ

1. 住宅地に現れる古民家風の建物が目印
2. 店内の奥には小麦粉をひく石臼が

こだわり小麦が香るパンたち

パリで学んだ技術と和素材のコラボ
ブーランジュリー コメット

パリの名店での修業経験やヨーロッパでの体験をベースにパン作りを行う。えりすぐりの食材を発想力豊かな品々に仕上げて提供。なかでも看板商品は米ぬかを使ったコメット。

Map P.119-C3 麻布十番

🏠港区三田1-6-6 ☎03-6435-1534 ⏰9:30〜18:00、土〜17:00 休日・月、祝は不定休、夏期長期休業 🚃地下鉄赤羽橋駅中ノ橋口から徒歩4分、地下鉄麻布十番駅9番出口から徒歩5分 💳Card Keep

| コメット | 1360円 |

生地は北海道産の小麦や雑穀の外皮に、有機の米ぬかをプラス。独特の甘味が生まれ、味わい深い

こだわりポイント
米ぬか入りの生地

| フォカッチャサンド（ハムチーズ） | 710円 |

表面がカリッと香ばしいフォカッチャ。最後のひと口まで楽しめるよう具がたっぷり

コメットは厚めに切り高温で軽く焼き直すと皮がパリッとしますよ

| クロワッサン | 310円 |

全粒粉入り生地を高温で焼き、ザクザクした食感に。仏産バターのやさしい甘さが◎

1,2. フランスパンやヴィエノワズリー、焼き菓子などを販売 3. 米ぬかはパンの味わいを増すだけでなく栄養も満点

「boulangerie l'anis」のラズベリーとチョコチップのメロンパンは、6〜8月頃はお休み。代わりに登場するレモンパンもおすすめ。

aruco調査隊が行く!! ①
シンプルだけど奥深い！フランスパンの魅力にハマってみる？

焼き色も要チェック

フランスパンは、砂糖やバターを加えずシンプルな材料で作るリーンなパン。それだけに、できは職人や素材の質次第。ぜひ、腕自慢の名店の味を楽しんで！

※各パンのサイズと試食データは編集部調べです。

Signifiant Signifiéの「40時間発酵バゲット」 700円

3種をブレンドした小麦粉に3種の酵母を組み合わせ、低温で40時間発酵

リベイクがおすすめ！

40cm / 4cm

狙い目時間　開店後すぐ

パリパリ度 ★★★★★
モッチリ度 ★★★★★
ふわふわ度 ★★☆☆☆

こだわり食材で作る低温長時間発酵パン
Signifiant Signifié
シニフィアン シニフィエ

シェフは素材のうま味をじっくり引き出す低温長時間発酵パンの先駆者。医食同源をコンセプトに、オーガニックや国産の小麦などの厳選食材を使用。小麦の風味を実感できる味わい。

Map P.123-B2　三宿
🏠世田谷区太子堂1-1-11　☎03-6805-5346　🕙11:00～17:00、土・日・祝～18:00　休不定休　🚇東急田園都市線三軒茶屋駅南口A・池尻大橋駅南口から徒歩12分　Card　Keep

ベーカリーミウラの「ヴァゲット」 380円

北海道や長野県の小麦を独自配合し、全粒粉仕立ての自家製酵母で発酵

小麦は店内でひいてます

スタッフ
土師陽介さん

噛むほどにうま味がUP！

46cm / 5cm

焼き上がり時間　9:00と頃

パリパリ度 ★★★★★
モッチリ度 ★★★★★
ふわふわ度 ★★☆☆☆

昔ながらの製法を守る正統派バゲット
ベーカリーミウラ

石臼びきの国産小麦や自家製酵母を使った伝統製法のパンが評判。ガスオーブンで高温、短時間で焼き上げるヴァゲットは、表面がパリッと香ばしく、中がモッチリ。小麦の風味も満点！

Map P.122-A1　根津
🏠文京区千駄木2-2-15-1F　☎03-5834-8972　🕙8:00～18:00、月11:00～（パンは食パンと限定サンドイッチのみ販売）　休火・水（祝は営業）、夏期長期休業　🚇地下鉄千駄木駅1番出口・根津駅1番出口から徒歩6分　Card　Keep

「Signifiant Signifié」ではバゲット以外の商品はほとんど量り売りOK。パーティで種類を揃えたいときなどにぜひ！（東京都・Y）

フランスパン生地で作った食パンも!

「SONKA」店主 村山大輔さん

フランスパンの豆知識♪

フランスパンは小麦粉、パン酵母、塩、水のみで作るフランス発祥のパンの総称。本国では形や長さ、生地の重さなどで名前が変わり、棒状タイプだけでもバゲットやバタールなど数種類があります。特徴は、パリッと香ばしいクラスト(皮)とモチッとした食感のクラム(中生地)。クープ(切り込み)のエッジ部分のザクザクした歯触りもフランスパンならではの味わいです。きちんと開いたクープやクラムにできた大小まばらな気泡は、発酵や生地の膨張が成功した証。おいしさの見極めポイントです。

こんな変わりダネも!

GREEN THUMBの「ショコラバゲット」 497円

棒チョコをチョコ生地でコート。練り込んだナッツとクランベリーの食感もgood! 金〜日曜限定。

GREEN THUMB → P.77

SONKAの「フランスパン」 250円

主役の小麦粉は北海道江別産の1品種のみ。沖縄の海塩シママースを加えて

ほどよい弾力が癖に!

29.5cm

焼き上がり時間 9:30〜11:00
1日5〜6回

パリパリ度	★★★★★
モッチリ度	★★★★★
ふわふわ度	★★☆☆☆

6cm

PANYA komorebiの「komorebiバゲット」 290円

北海道十勝産の幻の小麦ホクシンの石臼びき粉を使用。小麦の香りが高い!

フランスパンの魅力にハマってみる?

全粒粉100%で作るバゲットもあります

自慢のもっちりクラム

店主 齊木俊雄さん

38cm

焼き上がり時間 9:00 12:30
限定 1日40〜50本

パリパリ度	★★★★☆
モッチリ度	★★★★★
ふわふわ度	★★★★☆

4cm

シンプルな材料でていねいなパン作り

SONKA
ソンカ

材料や製法をえりすぐった"引き算の製法"で作るフランスパンを提供。国産の小麦粉を低温で1〜2日かけてゆっくりと発酵させ、小麦の持ち味を最大限に引き出している。

Map P.118-B1 新高円寺

⌂杉並区成田東2-33-9 ☎なし ⏰9:30〜12:30(売り切れ次第閉店) 休火・日 ❐地下鉄新高円寺駅から関東バス五日市街道営業所行きまたは吉祥寺駅行きで5分、「成田東三丁目」下車徒歩1分 ※現金のみ

料理との調和にも配慮した理想の逸品

PANYA komorebi
パンヤ コモレビ

北海道産を中心に10種以上の小麦を使い分け、素材の個性を生かしたパンにアレンジ。バゲットはパン自体のおいしさはもちろん、料理やワインの魅力も引き出せるようレシピを追求。

Map P.118-B1 西永福

⌂杉並区永福3-56-29 ☎03-6379-1351 ⏰9:00〜19:00 休月・木 ❐京王井の頭線西永福駅北口から徒歩1分 ※現金のみ Keep
※全粒粉100%のキタノカオリバゲットは火曜以外の販売

「GREEN THUMB」の「ショコラバゲット」は金〜日曜、1日10〜15本の限定品で、9:00頃から店頭に並び始める。来店は早めに。

女子にとって甘いものは正義！
みんなだ〜いすきな、甘うまおやつパン

どれが好き？

クリームパンにメロンパン、ミルクフランス、あんバター……。お菓子みたいに甘くて食べるだけでほっこりシアワセな気分。パン好きを虜にする甘系のおやつパンはこちら！

MILK FRENCH ミルクフランス

C 160円 「Le Ressort」のミルクフランス

小ぶりでパリパリのバゲットに北海道産の練乳と低水分バターのクリームがベストマッチ♡

E 350円 「Comme'N TOKYO」のコムン流ミルクフランス

リッチなミルククリームとほどよくザクザク食感のパンがスイングして豊かな味わい！

F 200円 「オパン」のミルクフランス

小麦を感じる黄金のフランスパンにとろけるクリームがイン！ 軽いのに食べ応えアリ。

D 300円 「BEAVER BREAD」のいちごミルクフランス

オリジナルのイチゴミルククリームの濃厚な甘酸っぱさがいい！ 春から夏の期間限定。

CREAM BUN クリームパン

B 350円 「SUZA bistro」の紅茶のクリームパン

四角い形の無添加パンの中にはアールグレイの香りあふれる紅茶クリームがたっぷり。

G 162円 「Boulangerie Shima」のカスタードクリームパン Cute!!

愛らしいクマさんのパン。甘さ控えめのやさしい味に食べるとほっこり癒やされる〜！

H 220円 「BOULANGERIE SEIJI ASAKURA」の柚子香るクリームパン

柚子の天然酵母のしっとり生地とぷるんとしたクリームが一体化。カリカリのアーモンドもいい！

I 190円 「神田川ベーカリー」のミルククリームプチ

もっちりチョコチップパンはオーダー時にクリームを入れてもらって、おいしさ倍増♪

J 345円 「Truffle BAKERY」の生搾りクリームパン

賞味期限たったの5時間！ ブリオッシュ生地にぎっしり入った濃厚クリームが抜群。

66 「SUZA bistro」は食事しなくてもパンだけ買えます。紅茶のクリームパンは香り高いクリームたっぷりで美味！（東京都・おーちゃん）

Ⓐ パン家のどん助
コスパの高さも人気の秘密
東新宿にある隠れた名店。懐かしい雰囲気のパンがおいしく、リーズナブルな価格もいい。

Map P.118-A2
東新宿

- 新宿区新宿7-13-3
- 03-3203-6671
- 7:30〜18:30
- 日・月
- 地下鉄都営大江戸線東新宿駅A2出口から徒歩4分

Ⓑ SUZA bistro スザ ビストロ
パンマニアが訪れる話題店
北千住にあるビストロ&ブーランジェリー。天然酵母と国産小麦を使った無添加パンが自慢。

Map P.117-B2
北千住

- 足立区千住寿町2-17 サンモール千住
- 080-7361-8863
- 11:30〜15:30、18:00〜22:00
- 水・第3火
- 地下鉄日比谷線北千住駅3番出口から徒歩8分（一部のみ）

Ⓒ Le Ressort ル・ルソール →P.11
Ⓓ BEAVER BREAD ビーバー ブレッド →P.26
Ⓔ Comme'N TOKYO コムン トウキョウ →P.25
Ⓕ オパン →P.65
Ⓖ Boulangerie Shima ブーランジュリ シマ →P.74
Ⓗ BOULANGERIE SEIJI ASAKURA ブーランジェリー セイジ アサクラ →P.26
Ⓘ 神田川ベーカリー →P.44
Ⓙ Truffle BAKERY トリュフ ベーカリー →P.27
Ⓚ パンとエスプレッソと自由形 →P.35
Ⓛ SONKA ソンカ →P.63
Ⓜ OZ bread オズ ブレッド →P.34
Ⓝ TAGUCHI BAKERY タグチ ベーカリー →P.115
Ⓞ JUNIBUN BAKERY ジュウニブン ベーカリー →P.20
Ⓟ Boulangerie Django ブーランジェリー ジャンゴ →P.22

甘うまおやつパン

AZUKI BUTTER あんバター

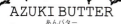

Ⓚ 「パンとエスプレッソと自由形」のあんバターサンド
Wow
280円

バターと粒あんをほんのり甘いやわらかめパンでサンド。食べやすいフォルムもいい。

Ⓖ 「Boulangerie Shima」のこしあんバターくるみフランス
410円
真ん中で分かれているフォンデュというプティフランスにあんバターとクルミをサンド!

Ⓛ 「SONKA」のあんバター
450円

香り高いバリバリのバゲットにたっぷりのあんこがマッチ。バターの塩味がアクセント。

OTHER VARIOUS 他いろいろ

Ⓜ 「OZ bread」のあんデニッシュ
442円
Good!!

粒あんをたっぷり巻き込んで焼き上げたデニッシュに大納言とうぐいす豆をトッピング!

Ⓝ 「TAGUCHI BAKERY」のチョココロネ

280円
注文したあとにチョコクリームを入れてくれる。サクサク生地とフレッシュクリームが美味♡

Ⓞ 「JUNIBUN BAKERY」のショコラオレ
357円

オレンジピール入りのチョコレートを紅茶のブリオッシュで挟んだ贅沢なスイーツ的パン。

Ⓟ 「Boulangerie Django」のアップルサイダードーナツ
230円

香ばしさとふわっと感のバランスが抜群。リンゴとシナモンの上品な風味が引き立つ。

Ⓐ 「パン家のどん助」のメロンパン
129円
中ふわふわ外カリカリ。メロンパンはこうじゃなくちゃ!
お財布にうれしい価格です!

Ⓐ 「パン家のどん助」のUFOパン
140円
真ん丸がかわいい♡奇をてらわずシンプルでホッとする味。

「BEAVER BREAD」ではミルククリームのスプレッドを販売している。季節限定もあるので要チェック!

67

神パン クロワッサン

サクサク生地とコク深いバター
皆が大好きなアイドルパンだけ
そこで話題の11品を大解剖！

aruco調査隊が行く!! ②

クロワッサンQ&A

Q 誕生のきっかけは？
A フランスにクロワッサンを伝えたのは、マリー・アントワネットとの説が有力。18世紀、オーストリア宮廷からフランスのブルボン王朝へ嫁いだ際、同行したデンマーク人のパン職人がデニッシュやペストリーの生地で作ったパンが始まりと言われている。ただし、今のレシピになったのは20世紀の初め。

Q どうやって作るの？
A バターやマーガリンを挟んだパン生地を折り畳んでは伸ばす、折り畳んでは伸ばすという作業を数回。生地とバターが多層になり、あの独特の食感に焼き上がる。層が多いほどふんわり、少ないほどザックッとした歯触りになる。

Q 形によって違いはあるの？
A フランス語で三日月を意味するクロワッサンだが、じつはフランスで作られている形は2タイプ。マーガリン仕立てなら三日月形、バター仕立てなら菱形と、形を分けて作る習慣がある。

Q 購入した翌日もおいしく食べるには？
A トースターにクロワッサンを入れ、3～4分を目安に焼こう。パンは焦げ目が付く寸前、焼きたてのように表面がパリッとしてきたら取り出し時。

A
舌の肥えたパリっ子たちも絶賛！
Maison Landemaine麻布台
メゾン ランドゥメンヌ

パリに本店があり、伝統を大切にしたパン作りを行う。看板は「パリで最もおいしいクロワッサン」に選ばれたクロワッサン フランセ。

Map P.119-B3 麻布台
🏠港区麻布台3-1-5 麻布台日ノ樹ビル1F
📞03-5797-7387 ⏰8:00～18:30 (L.O.18:00) 🚇地下鉄六本木一丁目駅2番出口から徒歩5分 Card Keep

B
毎日食べたいパン&デリ
ヒルサイドパントリー代官山 →P.110

ヒルサイドテラスの地下にあり、自家製パンと高級輸入食材、自家製デリがイートインで楽しめる。パンとデリで小粋にランチしよ！

C
世界初のエシレ バター専門店
ÉCHIRÉ MAISON DU BEURRE
エシレ・メゾンデュブール →P.84

芳醇な香りが特長のエシレ バターを使ったヴィエノワズリーやお菓子などを販売。世界でもココでしか買えないものを取り揃えている。

食感 ライト★•••• ハード
焼き色 ほんのり•••★• しっかり

長さ：16.5cm
高さ：7cm
幅：11.5cm

A クロワッサン フランセ 530円
フランスA.O.P.高級バターを使用。外はパリッと、中はジュワッとしてあふれるバターのうま味が格別。Maison Landemaineの自慢の逸品。

281円
長さ：14cm
高さ：4.5cm
幅：8cm

B 天然酵母クロワッサン
創業以来のベストセラーで、国産小麦を使用したモッチリとした食感のしっかりタイプ。バターと小麦の香りが広がる。

食感 ライト•••★• ハード
焼き色 ほんのり••••★ しっかり

食感 ライト••★•• ハード
焼き色 ほんのり•••★• しっかり

長さ：12cm
高さ：6cm
幅：9cm

C クロワッサン・エシレ 50%ブール（有塩／食塩不使用） 486円
なんと、原材料の50%がエシレ バター。外側はサクッ。中はジュワッとバターが滴るような究極のクロワッサン。

長さ：16cm
高さ：6.5cm
幅：10cm

D クロワッサン 310円
シーターで一つひとつていねいに作られる。数量限定でお昼前には売り切れることも。ザクザクもっちりの重みがいい。

食感 ライト•••★• ハード
焼き色 ほんのり••★•• しっかり

食感 ライト••★•• ハード
焼き色 ほんのり•••★• しっかり

160円
長さ：17cm
高さ：6cm
幅：9cm

E クロワッサン
温めると、ふわりと漂うバターの香りにうっとり♡ 大きめだから、好きな具材をサンドして食べるのもいいかも。コスパも最高～！

F クロワッサン 270円
サクサクで繊細な表面でありながら、噛むともちもちジューシーな食感。最後に口の中でふわっとバターのよい香りが残るのがいい。

食感 ライト•★••• ハード
焼き色 ほんのり•••★• しっかり

長さ：15.5cm
高さ：6.3cm
幅：8.5cm

68 「ÉCHIRÉ-MAISON-DU-BEURRE」では小物やスイーツも要チェック。特にキッチン用品（→P.99）がカワイイ♡（東京都・-K）

G クロワッサンAOP 324円

サクサクでエアリーな食感なのに、バターがコクジュワでしっかりした味。中央部分がやや高くなった層と焼き目が美しい。

- 食感 ライト ●●●★● ハード
- 焼き色 ほんのり ●●●●★ しっかり

H クロワッサン 195円

長さ：14cm
高さ：5.5cm
幅：8.5cm

1日に3000個を売り上げることもあるというクロワッサン。国産バターとオリジナルブレンドの小麦を使用している。

長さ：19cm
高さ：4.5cm
幅：9.5cm

- 食感 ライト ●●●★● ハード
- 焼き色 ほんのり ●●●★● しっかり

I クロワッサン 240円

長さ：14cm
高さ：5cm
幅：7cm

北海道よつ葉発酵バターを折り込み、焼き上げたクロワッサン。北海道のミルクとバターをまるごと食べるような味わい。

- 食感 ライト ●●●★● ハード
- 焼き色 ほんのり ●●●★● しっかり

ランキングNo.1☆を食べ比べ

の風味が魅力のクロワッサン。に、人気の品は相当ハイレベル。詳細情報とともに紹介します。

長さ：12cm
高さ：5cm
幅：8cm

200円

J カルピス発酵バターのクロワッサン

さわやかな香りとコクが特徴のカルピス発酵バターを折り込んだ生地。パリッと心地いい歯触りで風味豊かなバターは切れのいい後味。

K クロワッサン 290円

長さ：17cm
高さ：3.5cm
幅：8.5cm

北海道産発酵バターの贅沢な甘味が決め手。サクサクなのにふんわりリッチな味わいにうっとり♡

- 食感 ライト ●●●★● ハード
- 焼き色 ほんのり ●●●★● しっかり

マンゴーたっぷりの贅沢クロワッサン

中までギッシリ

おなじみのクロワッサンに、生クリームとトロトロの完熟マンゴーをたっぷり挟んだスイーツのような品。フレッシュなうちに食べて！

トロピカルマンゴー 420円 K

D 行列必至のフレンチビストロ
PATH パス → P.29

朝8時から15時までブランチメニューを提供。クロワッサンのほか、パンオショコラ、カヌレなどが並ぶ。人気なので朝イチに訪問を。

E 毎日食べても飽きないおいしさ
カタネベーカリー → P.108

住宅街にあり、地元で愛されるベーカリー。国産の小麦を数十種類使い分け、日々おいしさを最大限に引き出す工夫を続けている。

F ビーバーのキャラクターがかわいい
BEAVER BREAD ビーバー ブレッド → P.26

銀座の名店で腕を磨いたオーナー割田さんの腕にかかると、定番パンもクリエイティブな仕上がりに。オープンから蛇蛇の列の人気店。

G 九品仏の注目ベーカリー
Comme'N TOKYO コムン トウキョウ → P.25

パンの世界大会で総合優勝を果たした大澤シェフの店。自然光がたくさん入る店内には、彩り鮮やかなさまざまなパンが並べられる。

H 見た目の美しさにもこだわる
BOUL'ANGE 池袋東武店 ブール アンジュ → P.86

本場フランスのパン作りをベースに、おいしさはもちろん、美しい形にもこだわったパンを提供。旬の素材をふんだんに使っている。

I 吉祥寺を代表する人気店
ダンディゾン → P.115

吉祥寺の住宅街にたたずむパン屋さん。体に安心な素材を厳選し、ていねいに焼き上げている。スタイリッシュな店内も魅力的！

J 小麦に寄り添い、風味豊かなパンに
PANYA komorebi パンヤ コモレビ → P.63

北海道の小麦に惚れ込んだご主人は、毎年現地を訪れるほど熱心。10種以上の小麦を使い分け、各品種の特性に適したパン作りを行う。

K パリを思わせる真っ赤な外観がおしゃれ
BOULANGERIE SEIJI ASAKURA ブーランジェリー セイジ アサクラ → P.26

自家製酵母にこだわる風味豊かなパンに出会える名店。総菜系もおやつ系も揃い、大人も子供も満足の幅広いラインアップも魅力。

クロワッサンを食べ比べ！

※各クロワッサンのサイズと試食データは編集部調べです。

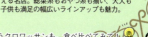

「Maison Landemaine麻布台」には国産発酵バターを使ったクロワッサン ジャポネ281円というクロワッサンも。食べ比べてみて！

はさんでよき、のせてよき、ちぎってよき
カンパーニュの万能感をとことん味わえ！

素朴な風味で、噛めば噛むほど味わいが増すカンパーニュ。そのままでも十分おいしいけど、実はいろいろな食材との相性もいいお利口パン。おすすめの食べ方や注目店を教えちゃいます！

Bon appétit
Pain de campagne

カリッとして、小麦の香りが漂うクラスト

もっちりしたクラムはどんな食材にも合う！

「boulangerie l'anis」のカンパーニュ

カンパーニュのおいしい食べ方講座

カンパーニュは、厚さやサイズを変えるだけでググッと食べ方が広がります。メニューにマッチしたカット法をマスターして、奥深いカンパーニュの世界を楽しもう！

3種類の切り方を伝授！

1 好きな具をたっぷり挟んで
サンドイッチに！

高さのあるセンター部分は具を挟むのに最適。1cm程度の厚さに切ると食べやすく、口当たりもいい

2 そのままのせても、焼いてからのせても
オープンサンド、タルティーヌに

ボリューミーな具をのせるなら3cm程度の厚さがベスト。食べ応えが出て、具とのバランスもいい

3 大きめにカットして
料理やパスタに添えて！

食事パン用なら大胆サイズにカット。シチューやパスタソースに絡めて味わうのにピッタリ！

当店のいち押しパンです！

bricolage bread & co.
森下偉雄さん

こんなアレンジも

カンパーニュを1個まるごと買い、表面に格子状に切り込みを入れたら、ガーリックバターやチーズなどを挟んでそのままベイク！ 食べる時は切り目で小さくちぎって。インパクトもあり、パーティなどでおすすめ。

70　「ルヴァン 富ヶ谷店」で一番人気の田舎パン「メランジェ」は、週末だけ大きなカンパーニュ形もあり。(東京都・くう)

都会で薪窯パンのおいしさを体験
パン屋塩見

薪窯作りのパンが名物。皮をしっかり焼き込んでも内側の生地がしっとりと焼き上がるのが特徴で、皮との食感のコントラストも絶妙！

薪窯は楽しみながら手作りしました

店主 塩見聡史さん

Map P.118-B2 南新宿
- 渋谷区代々木3-9-5
- 03-6276-6310
- 12:00〜18:00（売り切れ次第閉店）
- 第1・3火、水・木
- 小田急線南新宿駅から徒歩5分
- Card不可 Keep不可

1. カンバーニュは1日約30個限定。1/4カット486円〜 2. 薪窯パンの店は都内でも貴重 3. 定番は食パンとカンパーニュのみ。不定期に限定パンも登場 4. イートインもできる。自慢のパンを使ったトーストメニューなどを味わえる

お、いい色に焼けたわ〜

ハード系が得意な天然酵母パンの老舗
ルヴァン 富ヶ谷店

日本の天然酵母パン作りの草分け。品揃えは自家製酵母で作るハードパンが中心で、看板は1984年の創業時から続くカンパーニュ317。

Map P.121-C2 代々木八幡
- 渋谷区富ヶ谷2-43-13
- 03-3468-9669
- 9:00〜19:00、日・祝〜18:00（夏期・年末年始は変更の場合あり）
- 月（月に1〜2回火休み、月・火が祝の場合は営業）
- 小田急線代々木八幡駅南口・地下鉄代々木公園駅1番出口から徒歩6分
- 現金のみ Keep不可

1. 素材選びや伝統製法を大切にしたパン作り 2. カンパーニュ317は石臼びきの全粒粉を25%配合。ひとつ約1600円、カットして量り売りも可能

もちもち食感にファン続出！
中村食糧

数種類の国産小麦をブレンドし、水分をたっぷりと含ませて作る高加水パンが特徴のベーカリー。ぜひ、唯一無二の食感を味わって。

1. 7種の国産小麦をブレンドしたみんなのパン604円 2. 来店予約の詳細はURL nacamera.net やInstagram参照

Map P.119-B4 清澄
- 江東区清澄3-4-20-102
- 非公開
- 10:00〜15:00（売り切れ次第閉店、〜13:00は予約来店制）
- 月〜水、夏期長期休業
- 地下鉄清澄白河駅A3出口から徒歩3分
- Card不可 現金不可

ここでも食べられる！！

小麦の栽培にも挑戦！
Seeds man BakeR
シーズ マン ベーカー 
→P.58

シェフは菓子職人出身
boulangerie l'anis
ブーランジュリー ラニス
→P.60

お酒とパンのコラボが好評
bricolage bread & co.
ブリコラージュ ブレッド アンド カンパニー 
→P.49

「パン屋塩見」の「KATAIビスケット」は食感がハード（硬い）で、店の場所が作家の田山花袋終焉の地だったことに由来。

＼サクサク沼にハマる人続出！／
バター香るデニッシュに魅せられて♡

宝石みたいにキラキラ美しくてサクサクのデニッシュは、見ても食べてもシアワセ気分に。東京で見つけたやみつきデニッシュはこちら！

グリーンオリーブと黒胡椒 420円

自家製ベシャメルソースにオリーブと黒こしょうがアクセント！

季節のデニッシュ〜オレンジ〜 360円

〈とってもジューシー〉

キラキラで肉厚のオレンジがin。サクッとしてしっとりの絶品デニッシュ

季節のデニッシュ〜苺〜 360円

〈ベイクされたイチゴがめずらしい！〉

サクサク生地に甘すぎないカスタードとベイクされたイチゴとブルーベリーがマッチ♡

台湾パイナップルとブルーベリーのデニッシュ 360円

ジューシーで糖度が高い台湾のパイナップルを使用。期間限定の1品

〈私たち、中身もスゴいんです〉

見た目もおいしそうだけど、じつは隠れた部分に秘密がある♪こっそり見ちゃお！

苺大福のデニッシュ 594円

苺大福がまるごと！ 不思議な組み合わせなのにウマい！

〈あんこたっぷり〉

ゴールデンキウイのデニッシュ 486円

キウイがまるごと半分どーん。下にはフレッシュパイナップルも。

〈下に黄桃が隠れてたのを発見！〉

アプリコ 648円
 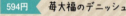

自家製ドライアプリコットのシロップ漬けをクロワッサンでまあるく包んで。

〈中にクリーム！うまい♪〉

アプリコットのデニッシュ 378円

〈まるでケーキのよう！〉

フレッシュなアプリコットの香り高い甘酸っぱさで口の中がいっぱいに

「Boulangerie Sudo」は季節によりさまざまなデニッシュに出合えるから、その都度訪れたくなる！（東京都・YURI）

味よき！見た目よき！

440円
スモークハムの
クロックムッシュ

サクサク感にホワイトソースとハムがからんで絶妙な味わい

205円
ヘーゼルナッツと
チョコ

ふわパリの食感とビターな味わいすべてのバランスがよい！

205円
ショコラ
オランジェ

美しく敷き詰められたオレンジの下にはアーモンドとチョコが

バター香るデニッシュに魅せられて♡

\\ みんな困ってたよね！ //
フルーツ系デニッシュのリベイク術

フレッシュなフルーツがのったものは、思い切ってフルーツやクリーム部分をスプーンですくって取り分け、生地の部分だけリベイクしよう。食べる直前に戻せば、おいしく味わえる。ただし、見た目は崩れてしまうので、写真は先に撮っておこう！

155円
ダークチェリーの
ガッティ

サッと食べられるひと口サイズ。フルーツが効いた上品な味

410円
ヴァーム
デニッシュ

まんまるデニッシュに注文後クリームを注入してくれるうれしさ♪

325円
クレーマ

たっぷりのったサワークリームの酸味とコクがクセになりそう

生地の層がすごい！

**苺の
デニッシュ**
590円

幾層にもなった美しいデニッシュとイチゴの組み合わせは鉄板♪

ここで買える！

- ☆ Boulangerie Django → P.22
- ☆ Boulangerie Sudo → P.24
- ☆ オパン → P.65
- ☆ Laekker → P.27
- ☆ パン家のどん助 → P.67
- ☆ TRASPARENTE → P.41

デニッシュを持ち帰る予定なら、形が崩れないようプラスチック保存容器などを持参するのがおすすめ！　Laekkerは箱に入れてくれる。

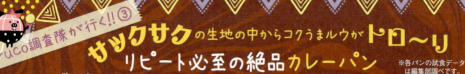

aruco調査隊が行く!! ③ サックサクの生地の中からコクうまルウがトロ〜リ リピート必至の絶品カレーパン

※各パンの試食データは編集部調べです。

手のひらサイズのパンに秘められた至福のカレーワールド。店のこだわりが詰まった逸品から個性派まで、あなたのお気に入りはどれ?

地域に愛される店を目指し、品揃えはパンマニアを唸らせるハードパンからおやつ系まで約60種類と豊富。毎週月曜はパン教室を開催。

チキンスパイスカレーパン 324円
店の人気No.1。日本カレーパン協会主催「第1回カレーパングランプリ」で最高金賞を受賞。

バターチキンカレー
コックリと濃厚な味わいで、辛さはマイルド。チキンの存在感がしっかり!

カレーパンコンテストで優勝!
Boulangerie Shima
ブーランジュリ シマ

特製スパイス
12種類のスパイスを独自に考案した配合でブレンド

注文後に揚げ、熱々を提供。断トツのクリスピー食感で、具もギッシリ

Map P.123-C1 三軒茶屋
🏠 世田谷区三軒茶屋2-45-7グーンキャピタル三軒茶屋103 ☎03-3422-4040
⏰9:00〜19:00 休月・火 交東急田園都市線・東急世田谷線三軒茶屋駅から東急バス弦巻営業所行きバスで5分、「駒留」下車すぐ ※現金のみ

名物キーマカレーを使用
神田川ベーカリー
DATAは→P.44

あぶくりのカレーパン 280円
オーナーの嶋田さんがかつて営んでいた雑司ヶ谷のカフェ「あぶくり」で人気だったキーマカレーを包んだもの。

生地
国産小麦を使用、やわらかくてモチモチ。周りがカリッと焼かれ全体のバランスがよい

キーマカレー
ひき肉がたっぷり。スパイシーなカレーとチーズが相性抜群

やや小ぶりな焼きカレーパン。キーマカレーが上部にドーン!

珈琲カレーパン 270円
「クビド!」とのコラボ商品。コーヒー生地でカレーを包んだ異色の品。

新感覚のコーヒー生地にハマる!
カフェカルディーノ 世田谷代田店

コーヒー生地
カルディ自慢の深煎りコーヒーをプラス。フワッと漂う香りがgood!

ビーフカレー
みじん切りにした野菜のうま味がスパイシーなルウに溶け込み格別

輸入食品店「カルディコーヒーファーム」の系列店。こだわりコーヒーと世田谷区奥沢の人気ベーカリー「クビド!」のパンを販売。

Map P.118-C2 代田
🏠 世田谷区代田2-18-8 1F ☎03-6450-7605 ⏰8:00〜20:00、土・日・祝〜18:00 交小田急線世田谷代田駅西口から徒歩1分

ルウのほどよい辛さが癖になる。コーヒー生地を合わせる斬新さが個性的

おいしさの決め手はスパイス
カタネベーカリー
DATAは → P.108

ニンジン 大きめのニンジンがゴロゴロ入る。ちょうどよい硬さで食べ応えあり

チキン 大ぶりにカットした鶏肉がぎっしり。口の中でホロリと崩れる軟らかさ

YUMMY!

季節のカレーパン 220円

鼻に抜けるスパイスの香りが癖になる。モッチリ食感の生地も◎

自家製スパイス オリジナルのブレンドスパイスをひくなど、手間暇をかけた味わい

秋のキノコ、冬のカボチャなど、季節ごとに替わる具材がお楽しみ♡

リピート必至の絶品カレーパン

自家製酵母を使い分け
BOULANGERIE SEIJI ASAKURA
ブーランジェリー セイジ アサクラ
DATAは → P.26

チーズカレー 358円

油で揚げない焼きカレーパンは冷めてもおいしく食べられる。

野菜 ダイス状にカットされた数種類の野菜が盛りだくさん。コクを効かせたフィリング

チーズ スイス産のグリュイエールチーズをたっぷり使用して風味豊かに焼き上げる

生地 ブドウの自家製天然酵母を使用。カレーをしっかり包み込む

大きめサイズ、野菜もチーズもたっぷりで食べ応えあり

裏原宿にあるアートな外観が目印
なんすかぱんすか
DATAは → P.37

薄皮 薄皮で包まれた丸いフォルム。パリパリで"さくジュワ"が炸裂

和牛すじ 牛すじ肉の割合が高く、うま味と甘味がとろっとあふれる

和牛すじカレー 350円

「我々は大阪LOVER」とキャッチのついたユニークな逸品

牛肉とスパイスの調合が絶妙。薄皮に包まれて上品な仕上がり。

カレー×卵×チーズの鉄板トリオ
藤の木
DATAは → P.114

半熟玉子がのった焼きチーズカレーパン 320円

オリジナルブレンドのカレーに半熟卵がとろり。2種類のチーズやマヨネーズがマッチ。

チーズ 半熟卵の下にはゴロゴロのダイスチーズ。味に力強さを与える

半熟卵 カレーパン中央の半熟卵とカレー、チーズとのハーモニーは最高!

甘口と中辛のカレーをブレンド。子供も食べやすい焼きカレーパン

CURRY BREAD

『Boulangerie Shima』のチキンカレーパンのルウは、カレー専門の出張料理集団『東京カリ〜番長』の水野仁輔氏の助言も受けた代物。

75

ホロ〜リ、ジューシーな豚肉と熱々チーズは無敵の相性！

MENU
BBQホットサンド
920円
アメリカの家庭料理プルドポークと、濃厚チーズが至福のコンビ。全粒粉パンともピッタリ。

キュウリのピクルス
甘めのBBQソースで味つけた豚肉に、ほどよい酸味の箸休めを

チーズ
トロ〜ッと滴るコク深チーズにハマる人続出

プルドポーク
ひと晩かけ、低温でじっくり煮込んだ豚の肩肉

BBQソースは自家製です

カリフォルニアの風が薫る癒やしカフェ
CITY.COFFEE.SETAGAYA
シティ.コーヒー.セタガヤ

植物にあふれたアメリカ西海岸調のカフェ。名物はBBQホットサンドで、具のプルドポークはアメリカ人の義妹直伝の味。スパイスも現地から調達。

Map P.123-B1 世田谷
🏠世田谷区世田谷4-17-6
☎050-1523-2398　⏰9:00〜18:00(L.O.17:30)、日・祝〜17:00(L.O.16:30)　月・土、不定休あり　東急世田谷線世田谷駅西口から徒歩3分
Keep

あんチーズホットサンド
（ドリンク付き）
1210円
和菓子舗特製の粒あんと、クリームチーズが具の和風サンド。塩昆布を添えて。

秒でHappyになれる♡　めちゃうまサンドイッチ

アメリカンダイナー風のカフェ
BUY ME STAND
バイミースタンド

オーナーがアメリカで覚えたレシピをアレンジして提供。ボリューム満点で、ひと捻り効いたオリジナルサンドは一度食べたらやみつき必至！

Map P.120-A1 渋谷
🏠渋谷区東1-31-19 マンション並木橋
☎03-6450-6969　⏰8:00〜21:00(L.O.20:00)　不定休　JR渋谷駅新南口から徒歩5分　※現金のみ

MENU
アップルチークス
1300円
豚バラ肉とリンゴのスライスが相性抜群なホットサンド。ランチはサラダ、ドリンク付き。

リンゴの甘酸っぱさと豚バラのうま味、口溶けが最高！

リンゴ
リンゴは「ふじ」をスライスして使用

豚バラ肉
炒めた豚バラ肉が入って、食べ応えも十分

カマンベールチーズ
贅沢に使ったカマンベールチーズがとろり

緑と白のファサードが目印

76　「GREEN THUMB」で買ったパンは系列カフェ「WHITE GLASS COFFEE」でイートインOK。歩いて30秒。（東京都・ひな）

食パンが主役のサンドイッチ
Viking Bakery F
バイキング ベーカリー エフ

「世界に通用する理想のサンドイッチを作る」をコンセプトに、具材に合わせたおいしい食パンを開発。レパートリー豊富なサンドイッチに出会える。

Map P.119-B3 乃木坂
🏠 港区南青山1-23-10 第2吉田ビル1F
☎ 03-6455-5977 ⏰ 9:00～18:00、土・日～17:00 🚇 地下鉄乃木坂駅5番出口から徒歩2分 Card Keep

具材に合わせたというユニークな食パンに脱帽

生ハム&ルッコラ
オリーブパンと生ハム、ルッコラすべてがマッチ

クリームチーズ
イカスミを練り込んだパンにクリームチーズを挟んで

MENU
VIKINGサンド 680円
3つの味が楽しめるシグネチャーメニュー。一度に楽しんでも、バラバラでも食べ方はお好みで!

卵サラダ
チーズペッパーのパンと卵サラダが絶妙

食べてみてくださいね

ほうじ茶のあんバターサンド 594円
ほうじ茶とホワイトチョコレートを練り込んだパンを使用。お茶の香りを感じる和洋折衷な味わい。

めちゃうまサンドイッチ

パンとフィリングの組み合わせにより、サンドイッチのバリエーションは無限大。なかでも手間暇かけた具や高級食材入りのものなど、今すぐ食べたい逸品サンドはコレ!

おなじみの卵サンドが豪華ミールに変身なのです!

卵サラダ
専用に焼いた食パンにコックリしたマヨタマを

黒トリュフ
トリュフと卵は名コンビ。ヨーロッパの定番

MENU
黒トリュフの卵サンド 580円
高級食材の黒トリュフの香りと甘味が卵と融合。パンもしっとり食感で贅沢気分♪

「トリュフ」を使ったパンをいただく
Truffle BAKERY
トリュフ ベーカリー

アメリカ西海岸をイメージしたという店内には、ハード系からお総菜パンまでエース級のパンがずらり。トリュフを使ったパンが有名。

Map P.120-A2 広尾
🏠 港区南麻布5-15-16 ☎ 03-6277-4894 ⏰ 9:00～21:00、土・日・祝～20:00 🚇 地下鉄広尾駅1番出口から徒歩1分 Card Keep

---

高加水の特製ベーグルが好評
GREEN THUMB
グリーン サム

Map P.120-A1 渋谷
🏠 渋谷区桜丘町28-9
☎ 03-6452-5611 ⏰ 8:00～19:00 🚇 JR・地下鉄・東急東横線・東急田園都市線・京王井の頭線渋谷駅西口から徒歩6分 Card Keep

ポストハーベストフリーの国産小麦を使い、常時約50種類のパンを提供。生地をゆでずに高加水にして焼く、オリジナル製法のベーグルが人気。

モッチリベーグル&贅沢卵ジュワッとあふれるだしが美味

パンプキンシード
オートミールもプラスし、食感のアクセントに

厚焼き卵
だしを効かせた和風味。ほんのりした甘味

MENU
厚焼き玉子サンド 378円
分厚い卵焼きを独自製法のベーグルでサンド。バンズに塗った辛子マヨネーズが隠し味。

「CITY.COFFEE.SETAGAYA」では惜しまれつつ閉店したタイ料理の人気店「イムイェム」のグリーンカレーをサンドイッチに。

ヘルシーなだけじゃない！
おいしい オシャレ 進化系
ヴィーガンパンが注目の的

今、パン好きの間では彩り豊かでテイスティなヴィーガンパンがトレンド。健康や環境への意識が高い人も、そうでない人も一緒に楽しめるのが魅力！

ヴィーガンっていったい何？

ヴィーガンはベジタリアンの一種で、健康や自然環境保護、動物愛護などを理由に肉や魚介、卵、乳製品、ハチミツまで動物由来の食品を一切口にしたり買ったりしない完全菜食主義者のこと。食べるのはフルーツや野菜、穀物といった植物性食品。

午前中は特にパンが豊富

意外に多彩なヴィーガン食材

肉を大豆製品にアレンジしたり、牛乳を豆乳やアーモンドミルクで代用したりと、植物性食品も工夫次第。近年はソイミートや植物性ミルクなどの加工品も入手しやすくなり、メニューの幅が一層ワイドに。ピザやハンバーガーだって食べられます。

パンのおともあるよ

Vegan

ヴィーガンパンはココでも手に入る！

わくわくが止まらないベーカリー
The Little BAKERY Tokyo
ザ リトル ベーカリー トウキョウ
原宿の中心にあるアメリカンフレンチのベーカリー。店内もパンも乙女心をくすぐるかわいさ。商品にヴィーガン表示あり。
DATA → P.36

グッドタウン ドーナツ
442円〜
時計回りにスマイルマンゴー、ラズベリーピスタチオ、ホーマーシンプソンズ。色づけはフルーツで無添加！

パリっ子たちも御用達の名店
Maison Landemaine 新宿伊勢丹
メゾン ランドゥメンヌ
パン職人の石川芳美氏とパティシエのロドルフ・ランドゥメンヌ氏によるパリ発のブーランジェリー。新宿伊勢丹店限定のヴィーガンシリーズが話題。
(東京都・みぃ)

80 「Maison Landemaine新宿伊勢丹」のヴィーガンパンは代替卵を使っていて100%植物性。おいしい！

ヴィーガンパン専門ベーカリー
UNIVERSAL BAKES AND CAFEのパン

ベイカー
丸山雄三さん

ヴィーガンでない人も満足してもらえる味を心掛けてます

進化系ヴィーガンパン

ココがヴィーガン！
タルタルソースは卵不使用。キュウリのピクルスで歯応えを加え、満足感をプラス！

メロンパン 330円
ふんわり軟らかな菓子パン生地をサクサク食感のクッキー生地でコート。ココナッツ風味。

ココがヴィーガン！
クッキー生地に入るバターをココナッツ油＋米油で代用。サブレのような軽い歯触りに

ココがヴィーガン！
大豆バターを使用。比較的淡白な植物性油脂にナッツのコクを足し味わいアップ

タルタルコロッケサンド 620円
ポテトコロッケに自家製タルタルソースをあわせ、赤キャベツで華やかにドレスアップ！

クロワッサン 350円
マカダミアナッツのペーストやローストアーモンド粉が隠し味。香ばしい風味にやみつき！

専門店ならではの圧巻の品揃え
UNIVERSAL BAKES AND CAFE
ユニバーサル ベイクス アンド カフェ

常時30種類以上のメニューを揃えるヴィーガンパン専門店。2ヵ月に1度、各国をテーマにしたさまざまな限定パンを味わえるイベントも開催。

季節野菜のクリームグラタン 520円
野菜やキノコなど約4種類の旬の味覚をトッピング。彩り豊かで、目にも舌にも楽しい！

ココがヴィーガン！
豆乳や米油で作るベシャメルソースが味の鍵。やさしい風味ながら深みのある味

Map P.118-B2 代田
🏠 世田谷区代田5-9-15 ☎03-6335-4972
🕗 8:30～18:00 休 月・火（祝の場合は要問い合わせ）小田急線世田谷代田駅北口から徒歩1分

パンの品揃えは日替わり。イベント時限定で登場する品もあり、どのパンに出会えるかは来店時のお楽しみ♡

Map P.118-B2 新宿
🏠 新宿区新宿3-14-1伊勢丹新宿店本館B1
☎03-3352-1111（伊勢丹 新宿店代表）🕙 10:00～20:00（施設に準ずる）休 施設に準ずる 地下鉄新宿三丁目駅直結

ヴィーガンメロンパン 各519円
右は定番のバニラ。抹茶、フランボワーズほかの季節限定の味もあり、内容は順次変更

新宿都庁前にある穴場的存在
MORETHAN BAKERY
モアザン ベーカリー

毎週日曜は上記「UNIVERSAL BAKES AND CAFE」とコラボし、「SUNDAY VEGAN BAKERY」を開催。すべてヴィーガンパンに。

DATA → P.30

食パン各種 一斤350円～
定番の角型食パン、山型食パンのほか、美肌効果が期待される亜麻仁を使った山型食パンもある

「UNIVERSAL BAKES AND CAFE」では、数々の大会で受賞歴があるスペイン産海塩を直輸入販売。日本で購入できるのはココだけ！

81

駅ナカ・駅チカだからアクセスGood！
ターミナル駅のパン屋さん

通勤通学の途中でサッと立ち寄れてすごく便利。
駅周辺にどんどん登場する、おいしいパン屋さんを見逃さないで！

Tokyoのターミナル
東京の大動脈、JR山手線の主要ターミナルの東京、品川、渋谷、新宿、池袋、上野の6駅をピックアップしてご紹介！

Terminal 渋谷駅

SHIBUYA STATION

パンとエスプレッソと私の時間
なんとかプレッソ2

いつもにぎわう渋谷の喧騒を少しだけ離れておいしいパンとお茶で小休憩。時代の空気をいち早く捉えた新メニューも続々登場するので要チェック！

Map P.120-A1 渋谷
- 渋谷区渋谷2-24-12 渋谷スクランブルスクエア 2F
- 03-6427-3574
- 10:00～21:00（変更あり）
- 施設に準ずる
- JR・地下鉄渋谷駅直結・直上／地下出入口B6

ショッピング途中のカフェタイムに

1. 黄色のブラインドが目印　2. ラム酒香る大人のマリトッツォ450円　3. エスプレッソが効いたマリトッツォカフェ500円　4. ボトルドリンク650円。いちごみるくほか　5. 国産小麦を100％使ったもちもち食感のムーの自由形400円　6. ムーの紅茶フレンチ800円。アールグレイの香るフレンチトースト

カスタードクリームみたいにフルフル！

こちらでパンをいただきましょ♪

渋谷区立宮下公園

渋谷の新たなランドマーク
MIYASHITA PARK
ミヤシタパーク

宮下公園が公園・商業施設・ホテル一体の低層複合施設としてリニューアル。屋上の芝生ひろばやベンチで休憩できる。ファッション、飲食も楽しめる新たなスポットになった。

Map P.121-B1 渋谷
- 渋谷区神宮前6-20-10
- 公園8:00～23:00、ショップ11:00～21:00、レストラン・フードホール11:00～23:00（店舗により異なる）
- JR・地下鉄・東急東横線・田園都市線・京王井の頭線渋谷駅宮益坂口より徒歩3分

RAYARD MIYASHITA PARK

sequence MIYASHITA PARK

商業施設「RAYARD MIYASHITA PARK」は館内にもベンチが多くあって、公園のようにくつろげる。（東京都・S）

バター香る焼きたてパンを味わう

高さ約17cmの特大サイズ

パリのエスプリを味わう
THIERRY MARX LA BOULANGERIE
ティエリー マルクス ラ ブーランジェリー

パリのミシュラン2つ星を獲得したシェフによるベーカリー。小麦粉やバターなど厳選素材を使った、リッチな焼きたてパンが味わえる。

1. オープンで取りやすいレイアウト 2. 外はカリッと中はフワッとブリオッシュ・フィユテ1620円 3. ブリオッシュ・メロン281円。ブリオッシュ生地のリッチなメロンパン 4. 発酵バターの香るクロワッサン281円 5. ゴルゴンゾーラなどに蜂蜜を合わせたゴルゴンゾーラと蜂蜜のフォカッチャ378円

Map P.120-A1 渋谷
渋谷区渋谷2-24-12 渋谷スクランブルスクエア B2　03-6450-5641
10:00～21:00（変更あり）　JR・地下鉄ほか渋谷駅直結・直上/地下出入口B6　Card　Keep

米粉のパンのおいしさ発見！

おやつにもオススメ！

1. JR改札からすぐの便利さがうれしい 2. 新潟産コシヒカリと熊本産をブレンドしたコシヒカリ生食パン450円 3. いちじくやレーズン、アプリコットなどをたっぷり練り込んだ米粉のフリュイ550円 4. ブラックオリーブ、グリーンオリーブとチーズを練りこんだ大人味のWオリーブ＆チーズ 250円

産地にこだわった独自製法のパン
ベーカリー サンチノ

原材料の産地にこだわったパン作りをしている。特に、米粉の吸水力を生かした独自製法で焼き上げる、しっとり食感のパンが一番人気。

Map P.120-A1 渋谷
渋谷区渋谷2-24-12 渋谷スクランブルスクエア 1F　03-5774-5077
10:00～21:00　JR・地下鉄ほか渋谷駅直結・直上/地下出入口B6　Card

ミルクとあんぱんでホッとひと息
キムラミルク

木村屋總本店の新業態。ポップでかわいくて、どこか懐かしいパンが並ぶ。あんぱんとおいしい牛乳でホッと一息いれたくなる。

Map P.120-A1 渋谷
渋谷区渋谷2-24-12 渋谷スクランブルスクエア B2　03-6427-5401　10:00～21:00（変更あり）　施設に準ずる　JR・地下鉄ほか渋谷駅直結・直上/地下出入口B6　Card　Keep

新しいけど懐かしい和み系パン

酒種50%入り生地はふわふわ

1. 木村屋總本店同様のあんぱん木箱のディスプレイ 2. ビーツ、ほうれん草などを練り込んだ野菜の三色パン171円 3. 四角い焼きそばパン270円。デニッシュ生地に焼きそば、マヨネーズ、紅ショウガをトッピング 4. こしあんをホイップして絞った、渋谷あんぱん301円

渋谷ターミナルにはパン屋さんがたくさん！

こちらで紹介しているパン屋さんはすべて渋谷スクランブルスクエア内のお店。ほかにも、渋谷ヒカリエShinQsには「ル パン ドゥ ジョエル・ロブション」「高級食パン専門店 あずき」が、渋谷マークシティには「ジャン フランソワ」「ブールアンジュ」などがあるので要チェック！

©渋谷スクランブルスクエア

ターミナル駅のパン屋さん

「キムラミルク」のしぼりたて牛乳ぱんは福岡県うきは市のしぼりたて牛乳を水の代わりに使用。一度食べるとクセになる！

Terminal 東京駅

TOKYO STATION

ワインやチーズによく合う！

わざわざ立ち寄りたいエキナカショップ
BURDIGALA TOKYO
ブルディガラ トウキョウ

新幹線の乗降時などに便利なエキナカ商業施設内のベーカリーカフェ。焼きたてパンのほか、東京駅限定のイートインメニューやおみやげなど、魅力的なメニューが揃っている。

Map P.119-B3 丸の内

千代田区丸の内1-9-1 JR東日本東京駅構内B1 グランスタ東京内
03-3211-5677 7:00～22:00（日・連休最終日の祝は～21:00）
JR東京駅構内 Card Keep

おいしいパンで朝からご機嫌に！

1. ドライフルーツが練り込まれた、セーグル・フリュイ604円 2. 白が基調になった明るい店内 3. 朝食の定番、クロワッサン226円とコーヒー378円をテイクアウト 4. モンブラン858円。自家製和栗クリームのモンブラン 5. 優しい甘味の広尾の食パン1斤540円

ココでしか買えない限定商品も！

ÉCHIRÉ MAISON DU BEURRE
エシレ・メゾン デュ ブール

バターの香ばしい香りに包まれる

伝統製法で作られたフランス産A.O.P.認定発酵バター、エシレの専門店。"バターが主役であること"にとことんこだわり、バター感がしっかり感じられるパンや洋菓子が並ぶ。

ピスタチオがたっぷり

Map P.119-B3 丸の内

千代田区丸の内2-6-1 丸の内ブリックスクエア1F
非公開 10:00～20:00（変更の場合あり）
地下鉄東京駅直結、地下鉄二重橋前駅1番出口から徒歩3分、JR東京駅丸の内南口・JR有楽町駅国際フォーラム口から徒歩5分 Card

1. カスタードクリームにラムレーズンを散らして焼き、ピスタチオをちりばめたパン・オ・レザン・エ・オ・ピスタシュ540円 2. 自家製のりんごのコンポートをサックリした生地で包んだショソン・オ・ポム810円 3. フランス産バトン・ショコラをくるりと巻いたパン・オ・ショコラ432円 4. 白とブルーで統一された店内 5. 肩がけもできるロゴ入りエコバッグも用意（→P.96） 6. 清潔感のある店構え

東京駅構内のGRANSTAには改札内に8軒、ベーカリーがあるから便利！ イートインもある。（東京都・S）

Terminal 新宿駅

SHINJUKU STATION

ターミナル駅のパン屋さん

クリームたっぷり！はみ出しそう

早朝から夜まで使い勝手抜群

夕方には売り切れるほど大人気

具材たっぷりパンに大満足

1. パンは11時頃に出揃う 2. クロワッサン280円。フランス産小麦と特選発酵バターを使用 3. ミルクスティック280円。濃厚なクリームがたっぷり 4. エメンタールチーズとロースハムを挟んだカスクルートジャンボン669円 5. ニース風サラダ1595円（スープ、パン付き）南仏風のボリューム満点のサラダ 6. レストランはテーブル席48、カウンター10席

早朝から利用できるベーカリーレストラン
ベーカリー&レストラン 沢村 新宿

新宿駅新南口に直結したNEWoMan フードホールの一角を占めるベーカリーレストラン。モーニングから本格ディナーまで、どの時間に訪れてもゆったりと気分よく過ごせる。

Map P.118-B2 新宿

- 渋谷区千駄ヶ谷5-24-55 NEWoMan新宿2Fエキソトフードホール
- 03-5362-7735
- ベーカリー7:00〜22:00、レストランモーニング7:00〜10:00、ランチL.O.11:00〜17:00、ディナー17:00〜25:00 (L.O.24:00)
- 施設に準ずる
- JR新宿駅新南口改札すぐ Card Keep

1. バターと練乳を合わせたクリームをフランスパンに挟んだミルククリームパン260円 2. フライドオニオンを練り込んだオニオンパン150円 3. マカデミアナッツを練り込んだ生地でいちじくを包んだいちじくパン360円 4. フランス産のチョコをチップにして練り込んだチョコレートパン150円 5. 墨書きされた店名が目印

自社工房から直送する焼きたてが並ぶ
墨繪 新宿ミロード・モザイク通り店

常に焼きたてが並ぶよう、自社工房で少しずつ焼成している。パンの種類によって粉を厳選し、ドライフルーツなど具材を練り込んだ食べ応えのあるパンだ。

Map P.118-B2 新宿

- 新宿区西新宿1-1-3 新宿ミロード・モザイク通り
- 03-3349-5807
- 10:00〜21:00
- 施設に準ずる
- JR・地下鉄・京王線・小田急線新宿駅西口・南口から徒歩2分 Card Keep

「沢村」はバスタ新宿の真下。早朝や深夜のバスの利用時に食事やテイクアウトができるから便利。

IKEBUKURO STATION
Terminal 池袋駅

イートインでできたてをパクッ!

見た目のかわいさにも注目

目でも楽しめる個性派揃い
BOUL'ANGE 池袋東武店
ブール アンジュ

1. パン・メロン227円。ザクザク、サクサク、ふっくらの3つの食感が楽しめる 2. クロワッサン生地にバターペーストを巻き込んで焼き上げたクイニー・アマン260円 3. モンブラン378円。栗の渋皮煮入りのマロンクリームがたっぷり 4. パンが平面に並んでいるので見やすい 5. 厳選した素材を使用 6. バター感がじゅわっと広がるクロワッサン194円

本場フランスのパン作りを基本に、旬の食材を掛け合わせたパンを提供。人気No.1のクロワッサン(→P.69)や数量限定の食パンなど、約50種類のパンが並ぶ。

Map P.118-A2 池袋

🏠 豊島区西池袋1-1-25 池袋東武 B1
☎ 03-5396-7072 ⏰ 8:00〜20:00 休施設に準ずる 🚶JR池袋駅南口から徒歩1分、西武池袋線地下改札・地下鉄池袋駅19番出口から徒歩3分
Card

さまざまなパンはもちろん洋菓子も!

昭和レトロでかわいい

池袋駅の老舗パン屋さんといえばココ
タカセ池袋本店

1920(大正9)年創業。昔ながらの製法で自家製、手作りにこだわった、定番のあんパンやレトロなパッケージがキュートなパンが約60種類揃う。コスパがいいのもうれしい!

Map P.118-A2 池袋

🏠 豊島区東池袋1-1-4 ☎ 03-3971-0211 ⏰ 9:00〜21:00 🚶JR池袋駅南口から徒歩1分 Card Keep

1. 東口のロータリーのすぐ近くにある 2. 自家製のバタークリームを揚げパンに挟みフルーツをのせたフルーツドーナツ150円 3. リンゴやレーズン、オレンジピールが練り込まれたアップルロール540円。50年以上愛されている超ロングセラー商品 4. 自家製バタークリームとレーズン、カスタードクリームにリンゴなどが入ったカジノ380円。各2本入り

86 「タカセ池袋本店」の2階は喫茶、3階には洋食レストランがあるので、サンドイッチなどがココで食べられるよ♪(東京都・りさ)

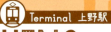

UENO STATION

パンダボックスかわいすぎる

ターミナル駅のパン屋さん

博多駅の「あの香り」が池袋に!

1. JR南改札を出て「M」の看板が目印　2. 量り売りのため1個の価格は目安。プレーン65円〜　3. チョコレート85円〜　4. さつまいも85円〜　5. めんたいこ85円〜　6. 各種セット売りもあり。季節限定クロワッサンも

おいしくていくつでもいけちゃう!
ミニヨン JR東日本池袋駅南改札横店

池袋駅構内の行列の絶えないミニクロワッサンのお店。博多で長年愛されたサクサクでモチモチのクロワッサンのおいしさは一度食べたらリピート間違いなし!

Map P.118-A2　池袋

🏠 豊島区南池袋1-28　☎03-5960-2564　⏰7:00〜21:00、土8:00〜21:00、日・祝8:00〜20:00　🚉JR池袋駅南改札口を出てすぐ左手

Keep

菓子パン、食事パンなど全部で約40種類

SHINAGAWA STATION

Terminal 品川駅

目にもおしゃれなパンがズラリ!

1. 気になるパンがたくさん!　2. ラムレーズンブレッド500円。甘いラムレーズンを練り込んだ食パン　3. カスタード200円。自家製カスタードクリームを包んだクリームパン　4. ビアブレッド生地で粗びきソーセージをくるんだソーセージブレッド320円　5. 店頭でパンをスライスしてくれるサービスも

通勤通学途中にサッと買える
breadworks エキュート品川店
ブレッドワークス

エキナカのこぢんまりとした空間ながら、シンプルなパンから総菜パンまで棚にはおいしそうなパンがぎっしり。季節のフルーツを使ったパンも魅力的。

Map P.119-C3　品川

🏠 港区高輪3-26-27 JR品川駅構内エキュート品川1F　☎03-3444-5516　⏰8:00〜22:00、日・祝〜20:30　🚉JR品川駅構内　Card　Keep

1. スコーンが5個入ったちょっとお得なスコーンボックスセット1080円　2. 平日の8:00〜9:00、17:00以降が混みしやすい　3. ナッツナッツ310円はヘーゼルナッツやマカダミアナッツがたっぷり　4. ベルギー産チョコと生クリームで作るビターな大人のコロネ185円

おみやげにしたくなるスコーン
Quignon エキュート上野店
キィニヨン

人気No.1は、北海道産の上質な生クリームで仕込んだ「スコーン」。しっとり食感とミルキーな味が特徴で何もつけずに食べるのがおすすめ!

Map P.122-B2　上野

🏠 台東区上野7-1-1 エキュート上野内　☎03-6895-0050　⏰月〜木・土8:00〜22:00、金〜22:30、日・祝〜21:00　🚉JR上野駅構内　Keep　(スコーンのみ)

「ミニヨン」のクロワッサンはまとめ買いがお得。1個65円〜が10個600円に! バラしたセット売りもあり!

もっとパンを
楽しむために!

絶品パンのおともと
いつも囲まれていたい
ときめきパングッズあれこれ♪

忘れてはいけないのが、パンがもっとおいしくなるパンのおとも。
そして、パンがモチーフのかわいい雑貨や食器に、パン屋さんが作るオリジナルトートバッグ。
お気に入りのアイテムは、そばに置いておくだけで心がときめくね!

G O O D S

パンマニアが愛してやまない とっておきの バター&パンのおともたち

バターにハーブオイル、ディップ、パテほか、パンのおともは種類もタイプもバラエティ豊か。話題の品からレアなものまで、厳選して紹介します!

CANOBLE（カノーブル）のバター

エビと一緒にトーストにのせるのもgood

ヌーベルショコラ・キャラメル・フィグ 1275円
国産の発酵バターに、キャラメリゼした牛乳で作ったミルクチョコ、ドライイチジク、カシューナッツをプラスしたひと品

トムヤムクン 1340円
本場タイ産の香草をフレッシュなまま練り込んだアジアンテイストのバター。シュリンプペーストやチリオイルが隠し味

フランボワーズ・カシス・ベリー 1340円
バターにフランボワーズチョコをミックス。刻んだ3種類のドライベリーやホワイトチョコも入ってベリー感満点!

ダンディー・ピーティ 1580円
ウイスキーの古樽にピートを入れて燻したバターに3種類のスモークナッツをイン。カカオニブの苦味や黒こしょうの清涼感がgood

ブール・アロマティゼ・デギュスタシオン 3200円
ドライフルーツやナッツを使ったフレーバーバター9種詰め。生チョコ感覚でそのまま食べても。約11g×9個入り

バタースコッチ・トフィーバター 1580円
フレッシュバター、発酵バターを黄金比でブレンド。さらにバタースコッチソースや3種のダイス状トフィーをミックス

バゲットやカナッペにおすすめだよ

進化系バターを続々プロデュース
ナショナルデパート 東京工場

フレーバーバターの専門ブランド「CANOBLE」を展開し、果実やナッツを使った新感覚のバターを提案。斬新なフレーバーや季節限定品が多数。

Map P.118-C2 都立大学
目黒区八雲2-6-11 ☎03-6421-1861
⏰12:00～15:00 🏠月～木 🚃東急
東横線都立大学駅北口から徒歩7分

「エシレ バター」の推しは、ポプラ製のバスケットに入ったタイプ。パッケージがオシャレ!（東京都・とも）

DIALOGUE の
「特製レバーパテ」540円

レアなお手製商品も要チェック！

「PANYA komorebi」(→P.63)では、下北沢のビストロ特製の鶏の白レバーのパテを販売。まったりと濃厚な口当たりでバゲットが進む！

Boulangerie Shima の
左／「ブルーチーズバター」540円、右／「特製リエット」1058円

人気ベーカリーが作るゴルゴンゾーラのバター。生クリーム入りのホイップ仕立てで、ナッツやハチミツとも相性抜群。豚肉や香味野菜を煮込んだリエットはサンドイッチの具にも。(→P.74)

人気ベーカリーのパンのおとも

ボルディエバター
1346円

世界の一流レストランで人気のフランス産高級バター。ブルターニュの海から採れた新鮮な海藻入り。
Truffle BAKERY→P.27

ZAHARAのオリーブオイル
3240円

イタリア・シチリア産の古来種100％のオリーブを使用。えぐみがなく香り高い味わい。Viking Bakery F→P.77

バゲットなどのおともにどう？

リリコイバター
1300円

千葉県南房総産のパッションフルーツのバター。さわやかな香りと濃厚な甘味がいい。
MORETHAN BAKERY→P.30

ガーリックハーブオリーブオイル
2178円

オリーブ油でニンニクをコンフィし、3種のハーブをプラス。パンのほか、料理に使えばプロの仕上がりに。
Boulangerie Shima→P.74

アンチョビオリーブディップ
630円

スペイン産のグリーンオリーブを使用。アンチョビの塩味が効き、バターと一緒にパンに塗ると、最高のおともに！マヨルカ→P.43

ハニーナッツ
1620円

ハチミツ専門店のクローバーハニー使用。アーモンド、マカデミア、ピーナッツ、パンプキンシード入り。
Viking Bakery F→P.77

サラダや肉、魚、パスタと、活用度大！

ブーダン・ノワール（アンヌ・ローズ）1320円

フランスの伝統料理、豚の血を使ったパテ状ソーセージ。美食家が絶賛する2つ星シェフのクリスチャン・パラ氏のレシピ。まさもと→P.46

エシレバター各種（有塩／食塩不使用）20g 378円〜

仏・エシレ村産の発酵バター。クリーミーな口当たりと芳醇な香りに魅せられる。問い合わせ：片岡物産 URL www.kataoka.com/echire

フランス産A.O.P.認定発酵バター

バター＆パンのおともたち

パンがもっとおいしくなる！
噂の スプレッド15選

プラスオンするだけで、パンの楽しみ方がグッと広がるスプレッド。arucoのライターが取材中に発見したおすすめスプレッドをご紹介！

スプレッドって何？
ジャムをはじめ、クリームやハチミツなど、パンやクラッカーに塗るもの全般をいいます。

FRUIT JAM

フルーツのおいしさをギュギュッと凝縮。多彩なフレーバーも魅力！

すべて手作り♪

おすすめのパン
●クロワッサン
●ベーグル

果実味や果肉感がしっかりしているジャムは、バターの風味が高いクロワッサンやモッチとした歯触りのベーグルなど、主張の強いパンにピッタリ！

ネーブルとキウイのジャム（アリムナ）110g 810円
まるで生のフルーツのような瑞々しい風味や食感が◎。 **A**

ラズベリーコンフィチュールジャム（ベルナデッテ・デ・ラベルネッテ）1150円
マダガスカル島産のラズベリーの力強い甘酸っぱさが特徴。 **B**

フランボワーズジャム 831円
じっくり煮詰めたフランボワーズ（ラズベリー）にキルシュを合わせて風味豊かに仕上げた自家製ジャム。 **C**

NUT PASTE

濃厚な味わいと滑らかな口当たりが特徴。食感の楽しい粒入りが人気。

まろやかでやさしい甘さ。100%有機食材

おすすめのパン
●バゲット
●バターロール

独特のコクがシンプルな食事パンに最適。フルーツとの相性もよく、ペーストした上にバナナやイチゴなどをのせ、タルティーヌにしても。

PEANUT BUTTER (HAPPY NUTS DAY) S 110g 1458円
千葉県産落花生を使用。濃厚で香り高く、ザクザク食感もgood。 **A**

畑で採れたピーナッツペースト (Bocchi) 100g 1188円
九十九里産の超クリーミーな逸品。粗つぶピーナッツ入り。 **D**

TOKYO MAPLE BUTTER（セガワ）130g 1728円
カシューナッツペーストにメープルシロップをブレンド。 **D**

Shop List

A Truffle BAKERY
トリュフ ベーカリー　→P.27

B BEAVER BREAD
ビーバー ブレッド　→P.26

C Boulangerie Sudo
ブーランジェリー スドウ　→P.24

D UNIVERSAL BAKES AND CAFE ユニバーサル ベイクス アンド カフェ　→P.81

E Boulangerie Django
ブーランジェリー ジャンゴ　→P.22

F LeBRESSO目黒武蔵小山店
レブレッソ　→P.57

G JUNIBUN BAKERY
ジュウニブン ベーカリー　→P.20

H Seeds man BakeR
シーズ マン ベーカー　→P.58

「LeBRESSO」オリジナルのハニーバターミルクジャムは通販もOK！ピスタチオやラムレーズンなど4種類あり。（東京都・T）

MILK SPREAD

ミルクのリッチな風味と甘味にハマること必至!

Djangoの近くにある!

● おすすめのパン
● 食パン
● カンパーニュ

甘〜くミルキーな味わいと、ふわふわの食パンは黄金のコンビ。カンパーニュのような酸味のあるパンに塗ると、まろやかな口当たりに。

噂のスプレッド15選

いちごミルククリーム 800円
フリーズドライのイチゴとジャムをあわせたクリーム。しっかり酸っぱくリッチな味。　**B**

塩キャラメルクリーム 800円
パンと一緒はもちろん、そのまま食べてもスイーツのようにおいしい。塩味があとを引く。　**B**

Cacao Curd (nel Craft Chocolate Tokyo) 1190円
契約農家のベトナム産カカオで作った濃厚チョコスプレッド。　**E**

トーストしたパンに塗るのがおすすめ!

パッケージがかわいい♡

ハニーバターミルクジャム (LeBRESSO) 150g 870円
淡路島産牛乳や北海道産生クリーム、練乳、国産ハチミツ入り。　**F**

チョコクリーム 1188円
カオカ社のチョコレート2種をブレンドしたクリーム。甘めのミルクチョコ。　**G**

ミルクジャム 1296円
八ヶ岳のジャージー牛乳、生クリームを使用。濃厚でコクのある上品な甘さ。　**G**

キャラメルクリーム 1296円
きび砂糖、生クリーム、バター配合。サトウキビ由来のきび砂糖で自然な甘み。　**G**

HONEY

コク深い自然の甘味で、驚くほどパンをおいしくする魔法のスプレッド。

● おすすめのパン
● ナッツや穀物入りのパン
● ソフトフランスパン

少し歯ごたえのある白パンとハチミツのトロみが相性抜群。パンプキンシードなどの穀物やナッツのうま味もハチミツ効果でおいしさがレベルアップ!

無添加&無加工の純粋ハチミツ

トロ〜り滴る様子がお楽しい♡

白トリュフ入りハチミツ (INAUDI) 120g 2786円
アカシアのハチミツに香り豊かな最高級白トリュフがたっぷり。　**A**

日本産 春の百花蜜 (深大寺養蜂園) 160g 1700円
調布市深大寺産。上品な味。採取時期により花の種類が異なる。　**H**

TOKYO MAPLE BUTTERは「MORETHAN BAKERY (→P.30)」でも買える。東京みやげにもおすすめ。

成城石井＆カルディで発見！
絶品すぎるパンのおとも

話題の輸入食材や見たことのないユニークなオリジナルアイテムで、いつも私たちを楽しませてくれる成城石井＆カルディ。そんな2社で、パンライフをもっと充実させるアイテムを発見！

数量限定 不定期販売

バターとイチゴの味わいが広がる

あまおう いちごも 不定期登場！

755円

人気商品、見つけたら即GET！

成城石井 あんこバター
北海道十勝産の小豆を100％使用。うま味が逃げないよう短時間で炊き上げられた小豆とほどよい塩気がヤミツキに

755円

成城石井 いちごバター
国産イチゴにこだわったスイーツ感覚のスプレッド。濃厚なのに甘酸っぱくてとりこになる味♡

フルーツ たっぷり！

597円

成城石井 オールフルーツスタイル ごろっごろっりんご
長野県のりんごと青森産りんごピューレをベースに砂糖不使用で仕上げた。果物本来の味を楽しめる

755円

ホームプレート ピーナッツバター クランチー
スポーツ選手や子供たちが安心しておいしく食べられるものをと誕生。原材料90％がピーナッツ、トランス脂肪酸不使用。

自宅でハワイ気分♪

755円

成城石井 リリコイバター
ハワイで定番のリリコイ（パッションフルーツ）を使ったフルーティでさわやかな甘酸っぱさに気分もUP

創業95周年を迎える老舗食品スーパー

SUPERMARKET 成城石井

日本中・世界中から選りすぐりの食品を取り扱う。自社輸入の商品や、バイヤーこだわりのオリジナル商品が人気。一部商品はオンラインでも購入可。

お客様相談室フリーダイヤル：0120-141-565
コーポレートサイト内のお問い合わせフォーム→
https://www.seijoishii.co.jp/contact/

※すべての商品は状況により一時休売となる可能性があります。

669円

成城石井 果実60％の ストロベリージャム小瓶
香りと色がよいサンアンドレアス種と果実感が残りやすいモントレー種のふたつのイチゴを使用。果肉ゴロゴロの自信作

シンプルな パンと 相性抜群

971円

ポリコム ピスタチオスプレッド
しっかりとした甘味と香ばしく濃厚なピスタチオの味わいで、いつものパンがグレードアップすること間違いなし

94

「成城石井」の「成城石井自家製 パン職人のこだわり湯種食パン」が大好き！ 生でもトーストしても、飽きがこないおいしさ。(東京都・桃)

チーズをかけてのアレンジも！

415円

オリジナル 食べるガラムマサラ
トマト、タマネギ、カシューナッツに唐辛子とスパイスが加わり、酸・辛・甘のバランスが抜群のガラムマサラ

398円

もへじ ドライフルーツ・ナッツ あんペースト
北海道産の小豆を使ったこしあんに、いちじく、レーズン、パパイヤ、生クルミをin。あとをひくおいしさ♡

306円

オリジナル コーヒーホイップクリーム
人気No.1のブレンドコーヒー「マイルドカルディ」を使用したクリーム。ホイップタイプで塗りやすい！

パンのおとも

1274円

アビーズ オールナチュラル アーモンドバター
アーモンドだけで作った無添加アーモンドバター。ローストしたアーモンドの香ばしさとコクがパンにマッチ

カルディコーヒーファームのオリジナル商品！

567円

オリジナル うにバター
高級食材のウニを練り込んだ贅沢なバター。磯の香りとバターがじゅわっと口の中で広がる最強コラボ

306円

オリジナル ぬって焼いたらカレーパン
その名前どおり、食パンに塗って焼くだけでカレーパンになるペースト！よくトーストするのがおすすめ

どれもいいな♪

ちょっと特別にしたいときに

575円

ケソクリーム オリーブ
細かく砕いた地中海産のオリーブがたっぷりはいったクリームチーズ。バゲットとの相性抜群なので試してみて

594円

もへじ北海道から 北海道まぁるいチーズ
北海道産のミルクのうまみを詰め込んで、まんまるお手軽サイズに。食塩のみの味付けでクセがなく食べやすい

アレンジもできそう

各513円

オリジナル ブルスケッタ ザク切りオリーブ グリーン・ブラック
ザク切りのオリーブにガーリックやアンチョビなど香辛料をミックス。グリーンとブラックあり

MOO

329円

オリジナル コンビーフ
手作業でていねいにほぐした牛肉をふんだんに使用。牛脂を加えずに野菜エキスで味を調えたこだわりの品

エコバッグもCheck！

持ちやすさと機能性にこだわったカルディコーヒーファームオリジナル。250円

コーヒーと輸入食品のワンダーショップ

KALDI
COFFEE FARM
カルディコーヒーファーム

コーヒー豆をはじめ世界の輸入食品やワイン、チーズ、お菓子など、見ているだけで楽しくなる商品がところ狭しと並ぶ店内が魅力。日本国内に約470店舗展開中。オンラインでも購入可。

お客様相談室：0120-415-023
ブランドサイト：https://www.kaldi.co.jp/

「カルディコーヒーファーム」はケースで購入の場合 3%Off になる。

2021年秋の新作バッグ

The Little BAKERY Tokyo
ザ リトル ベーカリー トウキョウ
コンパクトなのに肩からかけられたりと使い勝手よし。
1540円
→ P.36

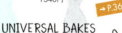

UNIVERSAL BAKES AND CAFE
ユニバーサル ベイクス アンド カフェ
持ち手がしっかりしていて、どっさりパンを買い込んでも安心。2200円
→ P.81

ベーカリーミウラ
小麦の紙袋を再利用。特別支援学級生の手作り。角食が2斤入る。500円
→ P.62

買ったパンはバッグ

ベーカリー発

パン屋さんは、オリジナルのエコバッグやお店の思いが詰まった、かわいい

breadworks
ブレッドワークス
100%コットンでナチュラルな風合い。高橋信雅さんのイラスト。1900円
→ P.87

カタネベーカリー
パンの包装紙やグラシン袋にも使用しているロゴがユニーク。700円
→ P.102

→ P.108

使ってくださいね！

ÉCHIRÉ MAISON DU BEURRE
エシレ・メゾン デュ ブール
コットン生地で丸めて持ち運べる、エシレのロゴ入りエコバッグ。1980円
→ P.84

PANYA komorebi
パンヤ コモレビ
大坂在住のイラストレーター中村加代子さんのデザイン。数量限定。300円
→ P.63

MARUICHI BAGEL
マルイチ ベーグル
中央のまる形は収納できるうえコインケースにもなる。2600円
→ P.78

記念エコバッグに注目
開店○周年記念など、お店の記念日に数量限定で特別デザインのバッグを発売する店も。情報はインスタ告知が多いので、お気に入りの店はチェックしておこう！

96   「breadworks」はコーヒーカップやマグもトートと同じイラストですてき！（東京都・愛）

Viking Bakery F
バイキングベーカリー エフ
バイキングのオリジナルイラストがかわいい。
500円
→ P.77

Signifiant Signifié
シニフィアン シニフィエ
しっかりした生成りの生地で丈夫。バゲットもイン！
1320円
→ P.62

BEAVER BREAD
ビーバー ブレッド
テキスタイルブランド「gochisou」(→P.98)とコラボ。※この商品は予約完売済み。今後もコラボバッグを販売予定。
→ P.26

今後はサイトをチェック！

トートバッグコレクション

これに入れよ！コレクション

ートバッグを作っていることがとっても多い！バッグ、コレクションしちゃう？？

Boulangerie Shima
ブーランジュリ シマ
カレーパン大会の優勝店シマのロゴ入り。カレーパン好きは必携。880円
→ P.74

Pomme de terre
ポム ド テール
店名のPomme（リンゴ）をイメージしたまんまるトート。3800円
→ P.115

FRAU KRUMM
フラウ クルム
42cm×38cmで、バゲットもおさまる大判サイズ。コットン製。600円
→ P.43

NEW NEW YORK CLUB
ニュー ニューヨーク クラブ
お店のベーグルをシルクスクリーンでプリント。後ろはロゴ。3300円
→ P.34

NYスタイルです！

→ P.43

ウラ

OZO BAGEL
オーゾウ ベーグル
丈夫でしっかりめのコットンキャンバス生地を使用。15cmのマチもうれしい。2640円
→ P.107

オモテ

「MORETHAN BAKERY」(→P.30) では、食パンが型崩れしないような正方形のバッグがある。1200円

パンLIFEにわくわくをプラス♪　キュンなアイテム

文庫本カバー　各2420円
馬喰町の「BEAVER BREAD」(→P.26)とのコラボデザインやミニバゲット柄など3種展開

Shopping shoulder bag　4950円
老舗ベーカリー「ルヴァン」(→P.71)のパンがモチーフ。口開き防止用の革紐付き。綿100%

クッションカバー／Baguette　5500円
手触りの滑らかなリネンレーヨン地が、上品な風合い。Mini baguette柄もあり。45cm×45cm

Canvas&leather tote bag　各9900円
丈夫な帆布素材の大きめトート。持ち手は長さ36cmの革製で肩かけもOK。使い勝手よし!

Linen apron　1万5180円
大胆にパンを描いたエプロンは、「BEAVER BREAD」とのコラボ。パン作りが楽しくなりそう

Linen apron　1万5180円
クロワッサン柄。リネン100%で速乾性があり、使うほど風合いが増す。カンパーニュ柄もあり

Linen rayon skirt／Baguette　3万4100円
やや光沢のある麻レーヨン地。ウエストはゴム入りで、着脱OKなリボンベルト付き。受注生産

A4 tote bag　各4400円
A4サイズがちょうど入る帆布製トート。持ち手は本革。バゲット、カンパーニュ柄など3種

パンを買いに行くならパン柄バッグでしょ!

パンがいっぱいでこの柄、映えるわ〜♪

gochisou ゴチソウ
デザイナー坂本あこさんによる食をテーマにしたテキスタイルブランド。発色のキレイな昔ながらの染色法・手捺染(てなっせん)を行う。パン柄の生地を使ったアイテムが好評。
URL www.gochisou-textile.com (販売については問い合わせを)

「ニトリ」の食パンクッションには、1枚の厚さが2倍の2枚切りやベージュ色のトーストタイプも(笑)。(東京都・プルマン)

ロスパンをなくすため！ SDGs × パン に注目！

ロスパンセットが話題
rebake リベイク

日本全国のパンをお取り寄せして社会貢献

日本全国約450店舗のパン屋さんからパンをセット購入できるお取り寄せサイト。廃棄になってしまいそうなパンを積極的に扱い、収益の一部を食品ロスの削減に取り組む団体に寄付する。店頭より少しお得な価格設定もうれしい。購入前には会員登録が必要。詳しくはHPにて。
URL https://rebake.me/

葛の花の酵母を使用するNORABAKERY

リヨンコッペ館一之江店の生クリームコーヒーあんぱん

1. ロスパンセットのほか、さまざまなセットパンが販売されている 2. やむを得ず売れ残ってしまったパンのセット「rebake特急おたのしみ便」は60サイズの箱にたくさん入って送料込みで2850円とおトク 3. 国立の名店プチアンジュより、自家製酵母を使用した「食パン食べ比べと小物パンセット」2000円＋送料

SDGs (Sustainable Development Goals) とは？
2015年に国連で採択された「持続可能な開発目標」のこと。よりよい社会の実現のため、廃棄パンや従業員の労働時間を削減するパン屋さんが増えている。

SDGsのひとつとして注目されているロスパンの削減。そのためのユニークな取り組みをしているパン屋さんをチェック！

雇用を増やしロスパンを減らす挑戦を

夜のパン屋さんだけで販売する「petit copain」は2個セットで500円

仕事帰りの人や付近住民が立ち寄り購入する

数個ずつ袋詰めされたパンにわくわく。セットで600円

夜からオープンするパン屋さん
夜のパン屋さん

料理研究家でビッグイシュー基金共同代表でもある枝元なほみさんを中心に立ち上げられたプロジェクト。たとえ人気店でも急な天候の変化などで売れ残ってしまうパンも。そのパンを預かり、神楽坂のブックストア兼カフェ「かもめブックス」の軒先で販売している。（詳細はTwitterを）

Map P.119-A3 神楽坂
🕐 火・木・金 19:00過ぎ〜21:00 Twitterはhttps://twitter.com/yorupan2020

現在は東京を中心に約14の有名ベーカリーが賛同

お得だワン！

たくさん買っていってください♪

夜のパン屋さん 事務局 野村きさらさん

今度はどこに行こうかな？

すてきな街には
すてきなパン屋さんあり！
てくてく歩いてパン散歩

パンマニアの正しい休日の過ごし方は、やっぱりパン屋さん巡りでしょ！
パンを探しながらあちこち歩いてお散歩を楽しめば、
気持ちものびのび元気になれそう。お気に入りが見つかるのはどのエリアかな？

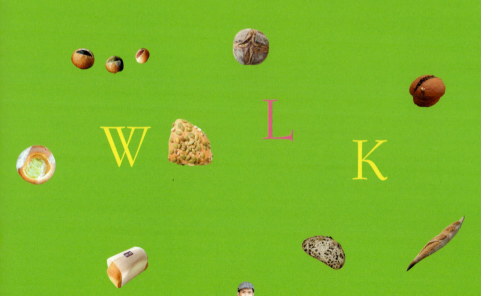

表参道～原宿
Omotesando ~ Harajuku

明治神宮のおひざ元であり、世界中の注目を集める流行の発信地として1年を通してにぎわう街。東京のトレンドはココでチェックしよう！

次にくるパンを探すなら迷わず流行の発信地 表参道～原宿へGO!

常に流行の先端を突っ走る街、表参道＆原宿
ここに来ればワクワクする出合いが待っているはず
本格派もトレンド派も、パン好きは大注目エリア。

表参道～原宿 おさんぽ
TIMETABLE

- 11:00 デュヌ・ラルテ青山本店
  ↓ 徒歩1分
- 11:30 breadworks表参道店
  ↓ 徒歩3分
- 12:30 パンとエスプレッソと
  ↓ 徒歩5分
- 13:00 原宿一丁目公園
  ↓ 徒歩14分
- 14:00 Happy Camper SANDWICHES
  ↓ 徒歩13分
- 15:30 COCO-agepan

TOTAL 4時間30分

1 見ても食べても楽しいパンがズラリ
デュヌ・ラルテ 青山本店 11:00

2021年4月、青山骨董通りに本店がグランドオープン。無添加で安心・安全な素材に強くこだわり、パン作りを心がけている。おいしくておしゃれなパンにワクワクしっぱなし！

Map P.121-B2 表参道

港区南青山5-8-11 萬楽庵ビル1F ☎03-6427-2724 ⏰9:00〜19:00（売り切れ次第閉店）不定休 地下鉄表参道駅B1出口から徒歩3分 Card Keep

実はワインにもよく合う〜！

中はプルプルの食感！

1. ノワレザン 400円。レーズンとクルミがぎっしり
2. カンヌ各420円。注文後にクリームを入れる
3. パンドミ椿 1000円。椿の天然酵母を使用

アンチョビ入りオリーブが美味

1. オリーブ 200円
2. ショコラピスターシュ 370円。パン・オ・ショコラにピスタチオ風味のアーモンドクリームを絞って
3. ババカ 300円。チョコとシナモンの味わい

テラスでモーニングはいかが？

2 焼きたてのパンが楽しめる
breadworks 表参道店 11:30
ブレッドワークス

シンプルなパンから季節の食材を使った約50〜70種類の焼きたてパンが並ぶ。パンに合わせて自家製ジャムやスイーツも充実。隣接のカフェcrisscrossでイートインも楽しめる。

Map P.121-B2 表参道

港区南青山5-7-28 ☎03-6434-1244 ⏰8:00〜21:00 無休 地下鉄表参道駅B3出口から徒歩2分 Card Keep

3 毎日のパンとコーヒーを大切に
パンとエスプレッソと 12:30

「一日、一日を大切に」をコンセプトに、おいしいパンとコーヒーがスタイリッシュな店内で味わえる。イートインのモーニングやカフェタイムなど、1日中客足が絶えない人気店。

Map P.121-A2 表参道

渋谷区神宮前3-4-9 ☎03-5410-2040 ⏰8:00〜21:00 不定休 地下鉄表参道駅A2出口から徒歩5分 Card Keep

1. ムー 350円。やわらかくてバターの風味たっぷり
2. ムーで作った鉄板フレンチトースト 850円

表面カリッと中はふんわり！

102　「breadworks 表参道店」は隣のカフェ「crisscross」でイートインできる。テラス席も60席あってコーヒータイムにぴったり。（東京都・はる）

銀座 Ginza

最先端の流行を発信する百貨店や個性派のショップ、歴史ある老舗が混在する憧れのエリア。碁盤の目になった道は目印も多く歩きやすい。

老舗・名店がズラリ! ちょっと大人の気分ならやっぱり銀座♪でしょ!?

明治時代創業の老舗から国内外の有名ブーランジュリーまで常に注目を集める店が点在する銀座。中央通りと晴海通りを中心に歩くと回りやすいのでショッピングの合間に行ってみよう!

TOTAL 4時間30分

銀座おさんぽ TIMETABLE
- 10:00 銀座『月と花』
  ↓ 徒歩15分
- 11:00 Le Petit Mec 日比谷店
  ↓ 徒歩10分
- 13:00 viennoiserie JEAN FRANÇOIS
  ↓ 徒歩2分
- 13:30 GINZA SIX ガーデン
  ↓ 徒歩3分
- 14:30 銀座木村家

---

1 毎日完売必至の大人ジャムパン 10:00
銀座『月と花』

ジャムがたっぷり

1,2,3,4. 店内には常時12種類以上のジャムパンがずらりと並び、約3ヵ月ごとに全商品が入れ替わる。外側がパリパリ、中はふわふわとした食感で甘味と酸味のバランスが絶妙!

冬期のみ店頭に並ぶ、究極のいちご350円。開店から1時間くらいで完売することも多い

大人をターゲットにしたジャムパン専門店。全国の農家から仕入れた国産フルーツのみを使ったジャムは皮むきからカットまですべて手作業。

Map P.122-C2 銀座
- 中央区銀座4-10-6-1F ☎03-6264-1300
- 10:00～売り切れ次第閉店 地下鉄銀座駅A2出口から徒歩1分 Card Keep (代金先払いのみ受付可能)

---

2 京都発のブーランジェリー 11:00
Le Petit Mec 日比谷店
ル プチ メック

バゲットやクロワッサンなどの定番商品から、ヴィエノワズリーサンドウィッチまで常時70種類を用意。商品が一番揃う12時頃が狙い目!

Map P.122-C1 日比谷
- 千代田区有楽町1-2-2 日比谷シャンテ1F ☎03-6811-2203 8:00～20:00 (臨時休業・時間変更の場合あり) 地下鉄日比谷駅直結徒歩2分、JR有楽町駅日比谷口から徒歩5分 Card

ラム酒の香りがふんわり漂う

サクッ! パリッ!

チョコがたっぷり

できたてのパンが並ぶ様子は圧巻!

1. ラムレーズン入りミルクフランス248円 2. バターの香りと歯切れのよさが自慢のクロワッサン194円 3. ふんわりやわらか食感のチョコメック464円。1/2個は232円 4. パン・オ・ルヴァン1328円、1/2 664円

パン・オ・ルヴァンは人気商品のひとつ

「銀座『月と花』」の春限定「しろの苺」、秋限定「シャインマスカット」が◎ 1ヵ月しか店頭に並ばないものも! (東京都・MIO)

1. ベーコンと茸 トリュフの香り475円。ランチに最適 2. Wチーズケーキデニッシュ410円。GINZA SIX限定 3. 発酵バターの豊かな香りがただようクロワッサン237円

3 フランスの香りを日本で再現 13:00
viennoiserie JEAN FRANÇOIS
ヴィエノワズリー ジャン フランソワ

M.O.F.（フランス国家最優秀職人章）シェフの技術と精神を受け継ぐベーカリー。店内にはパティシエもいるのでココでしか買えない限定菓子パンも買える。

Map P.122-C1 銀座
🏠 中央区銀座6-10-1 GINZA SIX B2
📞 03-5537-5520 ⏰ 10:30～20:30 施設に準ずる 🚇 地下鉄銀座駅A3出口から徒歩2分、地下鉄東銀座駅A3出口から徒歩2分 Card Keep

ここでひと休み
銀座で最大の広さの屋上庭園
GINZA SIX ガーデン
ギンザ シックス

GINZA SIXの屋上にある緑あふれる庭園。都会の中で自然を身近に感じられる環境をシンボリックに表しているそう。

Map P.122-C1 銀座
🏠 中央区銀座6-10-1 ⏰ 7:00～23:00 🚇 地下鉄銀座駅A3出口から2分 ※現在閉園中。再開は要問合せ

4 おいしさの秘密は"酒種" 14:30
銀座木村家

140余年前にイースト菌ではなく酒の酵母から、日本で初めて作られたあんぱんが自慢。秘伝の方法で煮た北海道十勝産の小豆は風味がよくコクのある味わい。

1. 酒種 小倉あんぱん170円。粒あんの上品な甘さが広がる 2. 酒種 桜あんぱん170円は明治天皇に献上した逸品

Map P.122-C2 銀座
🏠 中央区銀座4-5-7 📞 03-3561-0091 ⏰ 10:00～19:30、土・日・19:00（変更の場合あり） 🗓 12月31日、1月1日 🚇 地下鉄銀座駅A9出口からすぐ Card Keep

「広目屋」の浮世絵広告（左奥）、山岡鉄舟直筆の看板（左）

銀座木村家の店内には1885（明治18）年、銀座に登場したチンドン屋「広目屋」を宣伝のために使った浮世絵が残されている。 105

日本橋 Nihonbashi

五街道の起点である「日本橋」は、江戸時代から商業や文化の拠点として栄えた歴史ある街。今も息づく伝統と現代が見事に融合している。

江戸の香りが残る日本橋は注目店がいっぱい♪

江戸時代の伝統を受け継ぐ老舗と、今も開発が進む話題のスポットなど新旧の名店が軒を連ねる日本橋。テクテク歩いてもよし、地域の巡回バスで巡ってもよし！

日本橋おさんぽ TIMETABLE　TOTAL 3時間30分

- 11:00 フェルム ラ・テール美瑛 コレド室町テラス店
  ↓ 徒歩15分
- 11:45 365日と日本橋
  ↓ 徒歩25分
- 12:45 OZO BAGEL
  ↓ 徒歩15分
- 13:30 浜町公園
  ↓ 徒歩約5分
- 14:30 ドイツパンの店 タンネ

1 道外初出店の人気店が登場　11:00
フェルム ラ・テール美瑛
コレド室町テラス店

「自然に生きる」がコンセプト。契約農家が作る北海道産の小麦や酪農家から届くジャージー牛乳、バターなどの食材を使用している。

Map P.123-A1 日本橋

- 中央区日本橋室町3-2-1 コレド室町テラス1F
- 03-6265-1700
- 11:00〜19:00（変更の場合あり）
- 施設に準ずる
- JR新日本橋駅直結、地下鉄三越前駅A6出口直結
- Card / Keep /（商品により異なる）

牛肉や野菜がたっぷり

3日間、手間暇かけて仕上げた食パン

1. 美瑛豚ワイン煮入りの自家製キーマカレーパン378円
2. やわらかな食感の美瑛産コーンとチーズのパン270円
3. 贅沢にバターを使った北海道バタークロワッサン食パン1080円

2 国内のこだわり素材を凝縮　11:45
365日と日本橋

国産小麦をはじめ、全国から選び抜かれた野菜やフルーツなどの食材を使用。見慣れないユニークな形や製法にはこだわりが詰まっている。

Map P.119-B4 日本橋

- 中央区日本橋2-5-1 日本橋髙島屋 S.C.新館1F
- 03-5542-1178
- 10:30〜20:00（営業時間を変更する可能性あり。詳細は日本橋髙島屋 S.C.新館HPを確認）
- 不定休（施設に準ずる）
- 地下鉄日本橋駅直結
- Card / Keep

2分の1サイズもあるよ

まるでブティックみたいにおしゃれ

1. 東さんのミナミノカオリ1/4サイズ378円
2. 廣瀬さんのディンゲル260円は滋賀県産小麦を使用
3. 前田さんのキタノカオリ216円

日本橋のシンボル
江戸通り
三越前駅
中央通り
昭和通り
永代通り
日本橋駅
日本橋

日本橋髙島屋や日本橋三越にも人気のパン屋さんが入ってるから散歩しながらチェックして！（東京都・まさみ）

3 OZO BAGEL オーゾウ ベーグル

行列必至のベーグル専門店　12:45　かわいい象が目印

ベーグルの本場NYで修業した店主が作る、もっちりとした食感のハード系ベーグルが楽しめる。手作りのスプレッドも豊富！

Map P.119-B4 水天宮前

- 中央区日本橋箱崎町32-3 秀和日本橋箱崎レジデンス1F
- なし
- 水・金・土11:00～15:30（売り切れ次第終了）※2021年9月現在通販のみ、直接販売開始はTwitterでお知らせ（月1回募集後、抽選）
- 日～火・木・祝
- 地下鉄水天宮前駅1a出口から徒歩1分

1. 店のロゴと象のイラストは、イラストレーター・和田誠さん作。エコバッグもある（→P.97）
2. プレーン270円。国産小麦と天然酵母を使用。弾力もGOOD
3. プチプチとした食感が心地いいポピーシード302円
4. チキン細ねぎクリームチーズサンドハーフ496円。弾力あるチキンが美味！

食べ応え満点！　日本橋

4 ドイツパンの店 タンネ

全100種類を超えるドイツパンの老舗　14:30

ライ麦をたっぷり使ったどっしりしたパンから軽いおやつパンや季節限定商品までバラエティ豊かなアイテムが揃う。イートインもあるのでランチで訪れるのもおすすめ。

Map P.123-A2 水天宮前

- 中央区日本橋浜町2-1-5
- 03-3667-0426
- 火～金8:00～16:00、土8:30～15:00（月は午前中のみ）
- 日・祝
- 地下鉄水天宮前駅・人形町駅・浜町駅から徒歩5分
- Card　Keep（前日までに予約）

レジャー施設もいっぱい
浜町公園

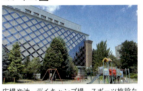

広場や池、デイキャンプ場、スポーツ施設などを有する公園。隅田川が歩いてすぐの場所にあるので足を延ばしてもいいかも。

Map P.123-A2 浜町

- 中央区日本橋浜町2-59-1
- 24時間
- 地下鉄浜町駅からすぐ

1. エメンタールチーズがたっぷりのったケーゼスタンゲン229円
2. 食感や塩の振り方を工夫しているというブレッツェル163円
3. ロッゲンブレーツェンカボチャ90円

ここでひと休み

清洲橋通り／浜町／浜町公園／人形町駅／新大橋通り／水天宮前駅／水天宮通り

公園で食べよ！　水天宮のお参り後に

「日本橋」は国の重要文化財

日本橋エリアのこちらもCHECK！

Boulangerie Django ブーランジェリー ジャンゴ →P.22

BEAVER BREAD ビーバー ブレッド →P.26

「メトロリンク日本橋Eライン」

東京駅八重洲口から三越前、日本橋室町、浜町、人形町、兜町などをつなぐバス。平日8:00～18:00、土・日・祝10:00～20:00に約22分間隔で運行。無料。
URL www.hinomaru.co.jp/metrolink/nihonbashi/

1921（大正10）年創業の「サンドウィッチパーラー まつむら」や特大ハンバーガーが人気の「BROZERS' 人形町本店」など人形町周辺にも注目。　107

代々木公園周辺
Yoyogikoen

都内で5番目の大きさを誇る代々木公園は、地元民の憩いの場。自然を満喫しながら青空の下でお気に入りのパンを食べるのも楽しい♪

名店巡りのあとは代々木公園でピクニック！

代々木上原から代々木八幡周辺の近所の人たちが通いつめる人気のパン屋さんをご紹介。駅から少し歩いた住宅街や路地にあるので地元民気分で行ってみて。

TOTAL 3時間30分

代々木公園周辺おさんぽ
TIMETABLE
- 10:00 カタネベーカリー
- ↓ 徒歩10分
- 10:40 ブーランジェリー エ カフェ マンマーノ
- ↓ 徒歩10分
- 11:20 ルヴァン 富ヶ谷店
- ↓ 徒歩10分
- 12:00 代々木公園
- ↓ 徒歩10分
- 13:30 365日

約1本分のニンジンが入ってる

食パンが一番人気

クリームをたっぷり付けて召し上がれ

できたてピザ♪

店主のカタネモコさん

シナモンロール220円。レモンが香るクリームチーズは濃厚だけど後味さわやか

パリの朝食セット880円はカフェで！

キャロットラペのバゲットサンド400円。ひよこ豆のペーストとマリネしたニンジンがベストマッチ

1 カタネベーカリー 10:00
小麦のおいしさを最大限に生かす

閑静な住宅街にある小さなパン屋さん。店内に並ぶパンは約80種類。全国の国産小麦をパンによって使い分け、おいしさを引き出している。いずれもリーズナブルだからいろいろ買えてうれしい。

ガシッとした歯応えと酸味が味わえるカンパーニュbio600円

手ぬぐいも買えるよ！

Map P.121-C2 代々木上原
🏠渋谷区西原1-7-5 ☎03-3466-9834 ⏰ベーカリー7:00～18:00（日～14:00）、カフェ7:30～15:00 休月・第1・3・5日 🚇地下鉄・小田急線代々木上原駅北口1番出口・京王新線幡ヶ谷駅南口から徒歩8分 ※現金のみ Keep

2 ブーランジェリー エ カフェ マンマーノ 10:40
パリの16区をイメージ

"粉と水の融合"をテーマに、粉から生地を作り、焼き上げる。小麦やバター、水、野菜にいたるまで一つひとつの素材を吟味。フランス仕込みの技術がギュッと詰まった手作りパンが楽しめる。

食事パン20種、菓子パン30種など約70種がズラリ

今日はどれを買おうかな～？

エッグタルト254円。クロワッサンタルト生地の中にバニラカスタードがぎっしり

♥100

シャインマスカットのマリトッツォ821円。和紅茶と抹茶の2種類で1日4個ずつ限定。旬のフルーツを使用

©大黒屋Ryan尚保

m.m.コルネ256円。パイの中にはホワイトチョコと自家製バニラカスタードクリームがたっぷり

Map P.121-C2 代々木上原
🏠渋谷区西原3-6-5 MH代々木上原1F ☎03-6416-8022 ⏰8:00～20:00 休火 🚇地下鉄・小田急線代々木上原駅北口2番出口から徒歩1分 Card Keep

---

108　「カタネベーカリー」を目指して住宅街を歩いて行くと行列を発見！ ふらっと買いに来てる近所の人が多かった。（東京都・G）

ここでひと休み
広い空が見える都心のオアシス
代々木公園

噴水池のある中央広場を中心に森と水に囲まれた公園。芝生広場やベンチに座ってのんびり過ごしたい。

Map P.121-C2 代々木公園

渋谷区代々木神園町2-1／24時間／地下鉄代々木公園駅から徒歩3分、小田急線代々木八幡駅南口から徒歩10分

---

3 一つひとつていねいに焼き上げる
ルヴァン 富ヶ谷店 11:20

栃木、群馬、長野の知り合いの農家が作る厳選した小麦を使用。パン作りをとおして人とのつながりやモノ作りを大切にしているという。店内ではパン職人たちが黙々とパンを焼いている姿が見える。

Map P.121-C2 代々木八幡

渋谷区富ヶ谷2-43-13／03-3468-9669／9:00〜19:00、日・祝〜18:00（夏期・年末年始は変更の場合あり）／月（に1〜2回火休み、月・火が祝の場合は営業）／小田急線代々木八幡駅南口・地下鉄代々木公園駅1番出口から徒歩6分　※現金のみ

パイのザクザク食感が楽しめるくるみハチミツパイ356円。甘さがほどよい

くるみとレーズン入りのメランジェ2.2円/g。薄くスライスしてクリームチーズをぬるのがおすすめ

カンパーニュ生地の上に季節の野菜をのせた野菜ピザ365円。食べる前にサッと温めて！

焼け具合をしっかりチェック

---

4 個性あふれるパンを提供
365日 13:30

17種類の国産小麦にこだわり、あんこやカレーフィリング、ハムやベーコンも自家製。独創性のある食べきりサイズのパンは見ているだけで楽しくなる。

Map P.121-C2 代々木八幡

渋谷区富ヶ谷1-2-8／03-6804-7357／7:00〜19:00／小田急線代々木八幡駅南口から徒歩2分

ショコラガナッシュとサクサク食感のチョコレートで仕上げたクロッカンショコラ411円

個性的な味や形を楽しんで

代々木公園内には、1964年の東京オリンピックの選手村としてオランダ選手団が使用した建物が、今も残されている。

代官山
Daikanyama

大使館や高級住宅街を擁する代官山。昔ながらの落ち着いたたたずまいとちょっとハイソな香りも漂うこんな街に一度は住んでみたい。

緑きらめく大人の街・代官山 ちょっとおしゃれして 憧れのパン屋さん巡りへ

高級住宅地でありながら、おしゃれなショップやカフェも点在。代官山ではパン屋さんもとってもおしゃれ。洗練された味わいのパンを探しに行こう!

代官山おさんぽ

TIMETABLE

- 11:00 MAISON ICHI 代官山店
  ↓ 徒歩3分
- 11:30 ヒルサイドパントリー代官山
  ↓ 徒歩2分
- 12:00 プリンチ 代官山T-SITE
  ↓ 徒歩8分
- 12:30 GARDEN HOUSE CRAFTS Daikanyama
  ↓ 徒歩16分
- 13:00 西郷山公園
  ↓
- 13:30 ダカフェ 恵比寿店

TOTAL 2時間

砕いたマロングラッセがうれしい!

栗のパン270円。マロングラッセを混ぜ込んだ、ほんのり甘いパン

いちじくとピスタチオ291円。ドライいちじくとピスタチオがたっぷり!

インゲン豆、黒豆など、5種のかの子豆のパン270円

ふんわり甘い香りが漂う♪

ぷるぷる生プルマン1.5斤734円。長時間熟成発酵でとろける口溶けに

1 モチモチで風味豊かな天然酵母パン 11:00
MAISON ICHI 代官山店
メゾンイチ ダイカンヤマテン

えりすぐりの小麦を使い低温熟成発酵させたモチモチ食感のパンが特徴。バゲットをはじめ、サンドイッチ、スイーツやデリも充実。ランチタイムならイートインがおすすめ。

Map P.120-B1 代官山
🏠 渋谷区猿楽町28-10 モードコスモスビル B1 ☎03-6416-4464 ⏰8:00〜18:00 休不定休 🚃東急東横線代官山駅中央口・西口から徒歩3分 Card Keep

2 憧れのベーカリー&デリ 11:30
ヒルサイドパントリー代官山

ヒルサイドテラスの地下の自家製パンと高級輸入食材の店。オーソドックスな品揃えで、生地から作られた美しいたたずまいのパンが並ぶ。自家製デリと一緒に楽しみたい!

Map P.120-B1 代官山
🏠 渋谷区猿楽町18-12 ヒルサイドテラスG棟B1 ☎03-3496-6620 ⏰10:00〜19:00 休水(祝は営業) 🚃東急東横線代官山駅中央口・西口から徒歩4分 Card(1000円以上) 🅿(PayPay)

1. クラシックバゲット389円 2. ヘーゼルナッツとフィグのバトン411円 3. クロワッサンショコラ357円 4. ショソン・オ・ポンム454円。紅玉リンゴ使用

パンの焼き上がりは10時、12時、14時

サンドイッチにしてもおいしい!

1. バターたっぷり、コルネッティ291円 2. 直焼きフォカッチャ410円 3. フォカッチャピッツァのクアトロスタジオーニ907円

3 おしゃれなイタリアンベーカリー 12:00
プリンチ 代官山T-SITE
プリンチ ダイカンヤマティーサイト

人気スポット、代官山T-SITE内のベーカリー。厳選された素材とていねいな手仕事で作られた、洗練された味わいのイタリアのパンが並ぶ。

Map P.120-B1 代官山
🏠 渋谷区猿楽町16-15 代官山T-SITE N-4棟 ☎03-6455-2470 ⏰7:00〜20:00 休不定休 🚃東急東横線代官山駅中央口・西口から徒歩6分 Card

「ヒルサイドパントリー代官山」は、毎日入荷する鎌倉野菜や完全オーガニックの野菜も要チェック!(神奈川県・M)

ここでひと休み

🌳 西郷さんゆかりの公園
西郷山公園

西郷隆盛の弟・従道の屋敷跡にちなんだ公園名で、土地の高低差を生かした滝や展望台が配されている。

Map P.120-B1 代官山

🏠 目黒区青葉台2-10-28 🚃 東急東横線代官山駅中央口・西口から徒歩15分

4 GARDEN HOUSE CRAFTS Daikanyama
青空の下ですごすカフェタイム **12:30**
ガーデン ハウス クラフツ ダイカンヤマ

代官山と渋谷を結ぶ、ログロード代官山にあるオープンテラスのベーカリーカフェ。焼きたての自家製パンや季節の食材を使ったデリ、スイーツがテラス席で楽しめる。

Map P.120-A1 代官山

🏠 渋谷区代官山町13-1 LOG ROAD DAIKANYAMA5号棟 ☎03-6452-5200 🕗8:30〜18:00（カフェL.O.17:00）、土・日・祝〜20:00（カフェL.O.19:00） 🚃 東急東横線代官山駅北口から徒歩5分

1. 全粒粉角食（ハーフ）1斤501円。もちもちの食感。きび糖入りでほんのり甘く食べやすい　2. 全粒まるぱん十勝あんバター314円　3. アボカドタルティーヌ1080円　4. カンパーニュ（1ホール）1277円。パリッとして食べ応えあり

足を延ばして

ド迫力フルーツサンドをほお張る
ダカフェ 恵比寿店

フルーツたっぷりのサンドのほか、パフェ、ドリンクも楽しめるカフェ。厳選されたフルーツ、絶妙に調味された生クリーム、ふんわり特製パンとすべての調和がたまらない。

Map P.120-B1 恵比寿

🏠 渋谷区恵比寿南3-11-25 🕗6:30〜18:00、モーニングは〜L.O.11:00 🚃 JR恵比寿駅西口から徒歩4分、地下鉄恵比寿駅5番出口から徒歩3分 💳 (paypay)

1. 小倉フルーツトーストはモーニング限定748円　2. 手前右から蒲郡みかん896円、Wキウイ734円、無花果980円、宮崎マンゴー半身1058円 ※価格はすべて時価

「ダカフェ」の席数は店内、テラスいずれも34席。お天気がよければモーニングのテラス席がオススメ！ 111

三軒茶屋～三宿
Sangenjaya ~ Mishuku

20～30代を中心に都内でも住みたい街の上位に入る三茶・三宿。小さな路地を抜けると、こじゃれた雑貨店やレストランが点在する。

オトナ女子の心震わすパンを見つけに三茶・三宿を歩く♪

和食とパンを融合させた店や、本場フランスで修業したパン職人が腕を振るう店などパンのジャンルはさまざま。オトナ女子が通い詰める人気のパン屋さんを巡ってみよう!

TOTAL 3時間30分

三軒茶屋～三宿 おさんぽ
TIMETABLE
- 10:00 小麦と酵母 濱田家
- ↓徒歩8分
- 10:30 三軒茶屋の明るいパン屋 ミカヅキ堂
- ↓徒歩10分
- 11:15 ブーランジュリー・ボネダンヌ
- ↓徒歩15分
- 12:00 世田谷公園
- ↓徒歩1分
- 13:30 Signifiant Signifié

1. 和のお総菜がそのままパンに!
小麦と酵母 濱田家 10:00

和をテーマにした地域密着型の店。一番人気の豆ぱんをはじめ、きんぴらやひじきといったお総菜を包み込んだ和風総菜パンは、ほかでは味わえないホッとするおいしさ。

Map P.123-B2 三軒茶屋
🏠 世田谷区三軒茶屋2-17-11-102 ☎03-5779-3884 ⏰8:30～19:30、土・日・祝8:00～20:00 🚃東急田園都市線三軒茶屋駅から徒歩6分 Card 🚫 Keep(食パンのみ)

大粒の赤エンドウ豆がゴロゴロ♪

1. もちもちっとした生地と赤エンドウ豆の相性が抜群の豆ぱん180円

3. びっくりするほどひじきがぎっしり入ったひじきパン180円。ひじきは甘くない

バニラビーンズの香りも甘〜い!

リッチなカスタードクリームがたっぷり入ったクリームパン238円

2. シャキシャキとしたごぼうの食感と香りが楽しめるきんぴら190円

濃厚なピスタチオペーストを使った「埼玉県テイカ園のブルーベリータルト」330円

ミカヅキブリオッシュ248円。店名にちなんだふわふわのブリオッシュ

ほどよい甘さのクリーム

セミハードパンに練乳、バター、和三盆で作ったミルククリームをサンドしたミルクフランス260円

2. 料理人とパン職人がタッグを組んだパン
三軒茶屋の明るいパン屋 ミカヅキ堂 10:30

レストランで腕を磨いた料理人とパンひと筋の職人がタッグを組んだ、上質のパンが味わえる。四季折々の旬の良質な素材を自分たちで厳選し、手作りにこだわっている。

Map P.123-B2 三軒茶屋
🏠 世田谷区太子堂4-26-7 ☎03-6453-4447 ⏰10:00～19:00 🚫水 🚃東急田園都市線三軒茶屋駅三茶パティオ口から徒歩3分 Card 🚫 Keep

季節限定、個数限定もチェック!

112 品数が揃っているのは開店時からお昼くらいまで。食べたいパンがあったら狙って早めに行くのがベター (東京都・G)

3 パリのパン屋さんそのもの
ブーランジュリー・ボネダンヌ 11:15

フランスで約5年間修業した店主が、現地で食べていた日常の味を再現。伝統的な製法と小麦や酵母の香りにこだわった"パリの味"が楽しめる。近くに住むフランス人も常連だそう。

Map P.123-B2 三宿

- 世田谷区三宿1-28-1 ☎03-6805-5848 ⏰9:00～18:00 休月・火
- 東急田園都市線三軒茶屋駅南口A出口から徒歩13分 (paypay) Keep

1. ビターチョコとフランボワーズがのった、ショコラフランボワーズ300円 2. 注文するとその場で作ってくれるタルティーヌフランボワーズ330円 3. ナンテール地方の食パン、ブリオッシュナンテール600円 4. ピスタチオの味と香りが凝縮したピスタッシュ400円

三軒茶屋〜三宿

4 毎日安心して食べられるパンを提供
Signifiant Signifié シニフィアン シニフィエ 13:30

コンセプトは「医食同源」。"体が元気になるパン"をテーマに、厳選したオーガニック小麦や国産小麦を使用。余計なものは加えず、素材のうま味をしっかりと引き出している。

Map P.123-B2 三宿

- 世田谷区太子堂1-1-11 ☎03-6805-5346 ⏰11:00～17:00、土・日・祝～18:00 休不定休
- 東急田園都市線三軒茶屋駅南口・池尻大橋駅南口から徒歩12分 Card Keep

量り売りもあるよ♪

ライ麦の香りがほのかに漂う

ライ麦を10%配合したカンパーニュ2000円。自然酵母の発酵による独特な酸味が感じられる

風味が濃厚で噛みしめると麦本来の甘味が広がるスペルトルヴァン1800円

フィグ エ フィグ 2400円。ヘーゼルナッツの香りとイチジクの甘みが口の中に広がる！

地元で有名なゴリラビル

レトロな東急世田谷線

ゴリラビル（通称）

茶沢通り

淡島通り

三宿通り

駅前のキャロットタワー

Truffle BAKERY 三軒茶屋店

玉川通り

三軒茶屋駅

JUNIBUN BAKERY →P.20

キャロットタワー

世田谷公園

ここでひと休み

噴水広場は風もさわやか
世田谷公園

噴水広場、スポーツ施設、プレーパークなどの多彩な施設があり、休日には園内の広場でミニSLが走る。

Map P.123-B2 三軒茶屋

- 世田谷区池尻1-5-27 ⏰24時間
- 東急田園都市線三軒茶屋駅南口B・池尻大橋駅南口から徒歩15分

いっぱい買っちゃった

「ブーランジュリー・ボネダンヌ」の店内にある黒板にサンドイッチなどのメニューが書かれているので要チェック！

西荻窪〜吉祥寺
Nishiogikubo ~ Kichijoji

JR総武・中央線の西荻窪〜吉祥寺はのんびりした雰囲気の住宅街。駅を中心に個性的なお店が点在する魅力あふれるエリア。

西荻女子が愛してやまないパン屋さんを巡る 井の頭公園まで足を延ばして

JR西荻窪駅周辺はおいしいパン屋さんの激戦区。どの店も味はもちろん、個性のきらめく名店揃い。毎日食べたい地元密着のお店を巡ってみよう！

TOTAL 3時間

西荻窪〜吉祥寺 おさんぽ

TIME TABLE
- 11:00 藤の木
- ↓ 徒歩4分
- 11:30 えんツコ堂 製パン
- ↓ 徒歩3分
- 12:00 Pomme de terre
- ↓ 徒歩5分
- 12:30 TAGUCHI BAKERY
- ↓ 徒歩24分
- 13:30 ダンディゾン
- ↓ 徒歩11分
- 14:00 井の頭恩賜公園

藤の木クリームパン210円。どこから食べても自家製カスタードがたっぷり！

一番人気の塩パン145円。仕上げに振ったゲランドの塩がうま味を引き立てる

チーズフォンデュ320円。チャバタにチーズソース、ハムなどを挟んで。冷めてもチーズがトロトロ

子連れでも安心のキッズルーム

1 藤の木 11:00
地元に愛される老舗店

子供も安心して食べられるパン作りを心がけている。おなじみのパンにもひと工夫加えることで独自のおいしさを追求。季節ごとに創作されるパンを目当てに通いたくなる。

Map P.123-C2 西荻窪
杉並区西荻北3-16-3 ☎03-3390-1576 ⏰8:30〜19:00 休日・祝 JR西荻窪駅北口から徒歩5分 Card

2 えんツコ堂 製パン 11:30
路地に立つ小さなパン屋さん

どこか懐かしくホッとする雰囲気のお店はパンの焼けるいい香りで満たされている。体に優しい食材でシンプルをモットーに、添加物や卵をほぼ使わないパン作りをしている。

Map P.123-C2 西荻窪
杉並区西荻北4-3-4-105 ☎03-3397-9088 ⏰9:00〜19:00(売り切れ次第閉店) 休月・火 JR西荻窪駅北口から徒歩7分 Card

具材たっぷりサンドイッチ

確実にゲットするなら電話予約がオススメ

1. クリームチーズ324円〜　2. ベーグルサンド、キッシュ、デリのお弁当セット606円

フクロウの焼き印が目印

3 Pomme de terre 12:00
ポム ド テール
ムギュッとハード系ベーグル

外はパリッと中はムギュッとかみ応えのあるベーグルが特徴。生地のフレーバー豊富なベーグルは100種以上。お弁当セットもオススメ！

Map P.123-C2 西荻窪
杉並区西荻北4-8-2 ☎03-5382-2611 ⏰12:00〜18:00 休月・火・木・土 JR西荻窪駅北口から徒歩8分 ※現金のみ Keep

1. 上野さんのライ麦パン100 945円　2. ミルクフランス255円　3. カルダモンロール335円　4. えんツコトースト430円

114　「藤の木」のウインドーに描かれる、デザイナーのふるくぼまゆさんによる季節ごとのイラストにも注目！（神奈川県・I）

ここでひと休み

水と緑に囲まれた憩いの場
井の頭恩賜公園

桜の名所としても知られる都立恩賜公園。井の頭池の周りにはベンチがあり、ひと休みするのにぴったり。

Map P.123-C1 吉祥寺

🏠 武蔵野市御殿山1-18-31　⏰ 24時間　🚃 JR・京王井の頭線吉祥寺駅南口から徒歩5分

西荻窪～吉祥寺

女子大通り

何度もお茶したい！

かわいい雑貨店もたくさんある！

街歩きも楽しい！

北海道産小麦のほか数種をブレンド

吉祥寺通り

吉祥寺駅

井の頭通り

Boulangerie Bistro EPEE　→P.48

井の頭恩賜公園

西荻窪駅

歩き疲れたらバス移動もあり！
西荻窪駅と吉祥寺駅北口を関東バスの西10:がつないでいる。所要時間約20分。
(URL) www.kanto-bus.co.jp

毎日食べても飽きないパン
4 TAGUCHI BAKERY　12:30
タグチ ベーカリー

静かな住宅街に溶け込むおしゃれなパン屋さん。シンプルで飽きのこないパンが店頭にはズラリ。店内は工房で焼き上げたバゲットや食パンの焼きたての香りで包まれている。

Map P.123-C2 西荻窪

🏠 杉並区西荻北4-26-10 山愛コーポラス102　📞 03-6913-9853
⏰ 9:00～18:00　🛌 月・第3日
🚃 JR西荻窪駅北口から徒歩12分
💴 現金のみ　Keep

1. カオリバタール280円。国産小麦の甘みが楽しめる
2. ブリオッシュの生地を使用したキウイのココット230円

キウイの下にはカスタード！

1. バゲット・ダンディゾン280円　2. BE20 350円。北海道よつ葉バターを20%使用　3. 北海道よつ葉発酵バターを折り込んだクロワッサン240円　4. クルスティヨン180円。きび糖の甘さが広がるおやつパン

吉祥寺を代表する名店
5 ダンディゾン　13:30

吉祥寺の住宅街にひっそりと立つ人気店。体に安心な素材を厳選し、ていねいに焼き上げている。地下ながら明るい北欧風でスタイリッシュな店内は入るだけで気分が上がる！

Map P.123-C1 吉祥寺

🏠 武蔵野市吉祥寺本町2-28-2 B1
📞 0422-23-2595　⏰ 10:00～18:00
予約最終　🛌 火・水　🚃 JR・京王井の頭線吉祥寺駅北口から徒歩10分
Keep

パンは買った日に食べて！

「ダンディゾン」のスタッフのユニフォームは上下とも白でとてもシンプル。おしゃれなので要チェック！

115

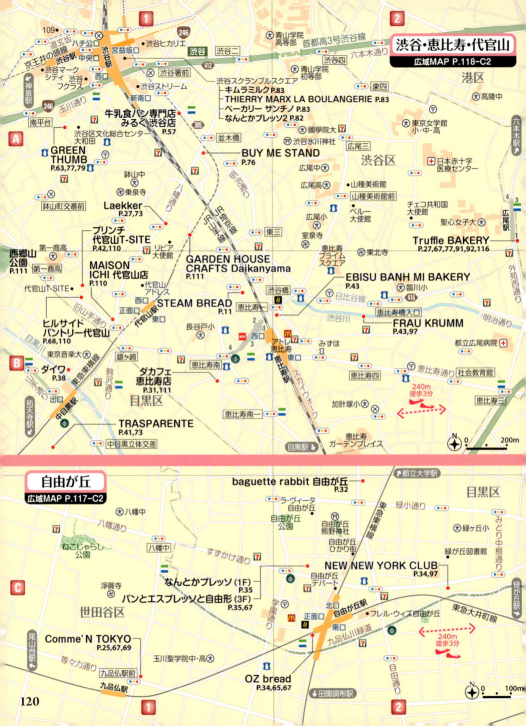

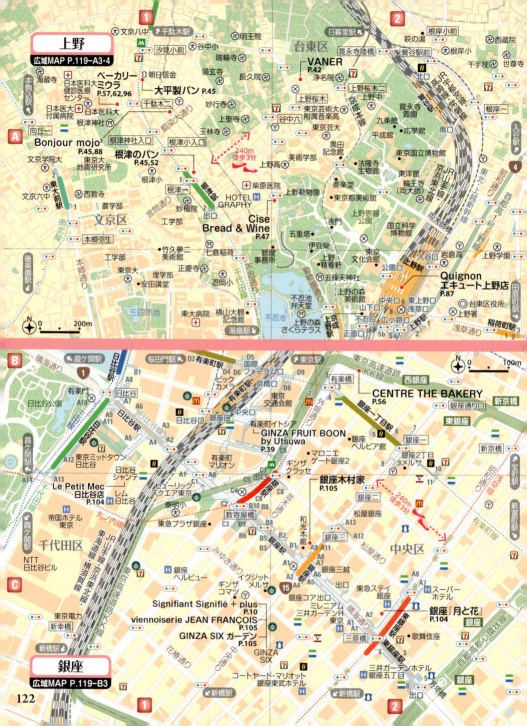

これは知らなかった 東京のパン巡りをもっと楽しむお得情報

大好きなパンについて、もっと知識を深められる楽しい情報をご紹介。
知っておくとお得なアプリなど、交通情報もチェックしておこう！

Technique 01 東京ではICカードを賢く利用！

SuicaやPASMO、PiTaPa、ICOCAほか交通系ICカードは全国どこでも相互利用が可能。駅の売店や自販機はもちろん、コンビニなど使える場所が多く、アトレやルミネといった駅ビルでも利用できて便利。

Technique 02 地下鉄で「のりかえ便利マップ」を活用

ホームの柱にある「のりかえ便利マップ」は、どの車両に乗れば乗り換えが便利か、エスカレーターが近いかなどが、ひと目でわかる優れもの。また階段を上る前には「案内サイン」もチェックして。

Technique 03 移動＆観光で使えるアプリ

JR東日本アプリ
リアルタイムの列車走行位置や駅情報などが超充実。

東京メトロmy!アプリ
経路検索時に混雑を避けるルートがわかる機能も。

タクシーアプリ GO
提携タクシーの手配や支払いが可能で便利なアプリ。

エクボクローク
スマホ予約で近くの施設に荷物を預けられるサービス。

ChargeSPOT
スマホ充電器のレンタルアプリで移動中もラクラク充電。

トイレ情報共有マップくん
緊急時に近くのトイレを探せる優秀なお助けアプリ。

Technique 04 乗降客数の多い駅「トップ5」では注意を

JR・私鉄・地下鉄などを合計した乗降客数の多い駅（編集部調べ）は、第1位新宿、第2位池袋、第3位東京。これらの駅の通勤ラッシュ時間帯では大きな荷物を持っての移動はくれぐれも注意して。

Information 01 今さらだけど知っておきたい！パンのルーツ

今から8000〜6000年ほど前、古代メソポタミアで小麦粉を水でこねて焼いただけのものがパンの原型とされている。その後、古代エジプトで発酵パンが誕生。ヨーロッパに広まった。日本には1543年ポルトガル人によって伝来したとされる。（取材協力／山崎製パン）

Information 02 大人になっても読みたいおいしそうなパンの絵本

大人だって絵本が好き。なかでも、思わずパンを食べたくなって満たされた気持ちになる絵本をご紹介！

彦坂木版工房の絵本

かこさとし先生の名作

『パン どうぞ』作：彦坂有紀、もりといずみ（講談社）

『からすのパンやさん』作・絵：かこさとし（偕成社）

パンがリアル！

『パンめしあがれ』作：高原美和（視覚デザイン研究所）

パンの図鑑絵本

『パンのずかん』作：大森裕子、監修：井上好文（日本パン技術研究所）（白泉社）

124　自転車のシェアサービスを使えば、ちょっと行くのに不便なパン屋さんにも行きやすい。おすすめ！（東京都・くおん）

Information 03 オンラインでパン工場を見学しちゃおう！

全国で販売されている食パンが、どんなふうにできあがるのかを動画で配信！中種作りから、発酵、生地づくり、焼成までの全12工程を公開。目の前で見学した気分になれる。

URL https://www.yamazakipan.co.jp/entertainment/factory/

←焼き上がった食パンはゆっくり時間をかけて冷ます

Information 04 紹介しきれなかった郊外で見つけた人気のパン屋さん

具がたっぷり！

国立 趣向を凝らしたパンが約40種 アカリベーカリー

定番をはじめ、季節感のある菓子パン、さまざまな料理からヒントを得たオリジナルの総菜パンまで多彩な味が店頭に並ぶ。

1. アカリブレッド1斤330円 2. 総菜パン、シュークルート250円 3. 人気商品がズラリ 4. レザンアプリコ210円

Map P.118-A1外 国立
🏠 国立市中1-7-64 ☎ 042-505-4263 🕐 11:00～17:00 休 日・月
🚃 JR国立駅南口から徒歩4分 ※現金のみ Keep (当日不可)

八王子 小麦の甘味とうま味をしっかり ぶーるぶーるぶらんじぇり

フランスで学んだ製法で生地を作り、ドイツ製の石窯で焼いた香り高いパン。自店オリジナルの国産小麦や市内の「磯沼ミルクファーム」の牛乳など厳選した素材を使用している。

1. 焼きたてのバゲット320円 2. 赤を基調にした明るい店内 3. セロリの香りが食欲をそそるセロリチーズ320円

Map P.118-A1外 八王子
🏠 八王子市横山町16-5 ☎ 042-626-8806 🕐 10:00～19:00 休 月・火
🚃 JR八王子駅北口から徒歩10分 Card Keep

Information 05 スーパーやコンビニでもおなじみのパン ヤマザキ「ランチパック」人気の秘密

たまごなどの定番をはじめご当地ものや季節限定など多彩なラインアップが勢揃い。1ヵ月程度で入れ替わり、新商品が続々登場するので見つけたらすぐに買おう！

※ご当地もの、変わり種は発売が終了している場合があります。

不動の人気ベスト3

たまご ゆで玉子がパンの間にぎっしり入っている

ピーナッツ 発売当初から続くロングセラー商品！

ツナマヨネーズ ツナとオニオンの相性が抜群でおいしい

ご当地もの

天草の塩入りハチミツクリーム 熊本県産の塩がいいアクセントに

湘南ゴールドの果汁入りゼリー＆ホイップ 神奈川県産の湘南ゴールドの果汁を使用

福島県産ももジャムと岩手県産山ぶどうのクリーム 福島県産と岩手県産の名産品がコラボ

変わり種

激辛焼きそば＆一味マヨネーズ 一味唐辛子を練り込んだパン+激辛焼きそば

ニューヨークチーズケーキ風味 まるでスイーツのうなさわやかな酸味

豆腐ハンバーグとごぼうサラダ 豆腐とごぼうの和の味わいがベストマッチ

ココでまとめ買い

改札の外にあるよ

新商品が毎月登場し、ご当地商品も買える秋葉原駅の「ランチパックSHOP」。いろいろな種類を買いたい人は10時頃が狙い目。

Map P.119-A4 秋葉原
🏠 つくばエクスプレス秋葉原駅B1
🕐 7:00～20:00、土・日・祝 9:00～19:00

東京のパン巡りをもっと楽しむお得情報

1842年4月12日、江川太郎左衛門が日本で初めてパンを作ったことから、現在も4月12日はパンの日。

▶ ：プチぼうけんプランで紹介した物件

	読み方	名称	エリア	ページ	MAP
ア	アオサン	AOSAN 仙川店	仙川	57	P.117-B1
	アカリベーカリー	アカリベーカリー	国立	125	P.118-A1外
▶	イニシャル	INITIAL 表参道店	表参道	16・39	P.121-A2
▶	ヴァーネル	VANER	谷中	42	P.122-A1
	ヴィエノワズリー ジャン フランソワ	viennoiserie JEAN FRANÇOIS	銀座	105	P.122-C1
	エービーシークッキングスタジオ	ABC Cooking Studio	日本橋	51	P.119-B4
▶	エシレ・メゾン デュ ブール	ÉCHIRÉ MAISON DU BEURRE	丸の内	68・84・91・96・99	P.119-B3
▶	エビス バインミー ベーカリー	EBISU BANH MI BAKERY	恵比寿	43	P.120-B2
	エンツコドウ セイパン	えんつ堂 製パン	西荻窪	88・114	P.123-C2
	オーゾウ ベーグル	OZO BAGEL	水天宮前	79・97・107	P.119-B4
▶	オオヒラセイパン	大平製パン	千駄木	45	P.122-A1
▶	オズブレッド	OZ bread	自由が丘	34・65・67	P.120-C2
	オパン	オパン	笹塚	65・67・73	P.121-C1
カ	ガーデン ハウス クラフツ ダイカンヤマ	GARDEN HOUSE CRAFTS Daikanyama	代官山	111	P.120-A1
▶	カジツテン カンヴァス	果実店 canvas	幡ヶ谷	39	P.121-C1
	カタネベーカリー	カタネベーカリー	代々木上原	18・31・69・75・96・108	P.121-C2
▶	カフェカルディーノ	カフェカルディーノ 世田谷代田店	代田	74	P.118-C2
▶	カンダガワ ベーカリー	神田川ベーカリー	早稲田	44・67・74	P.119-A3
	キィニョン	Quignon エキュート上野店	上野	87	P.122-B2
	キムラミルク	キムラミルク	渋谷	83	P.120-A1
▶	キャメルバック サンドウィッチ＆エスプレッソ	CAMELBACK sandwich&espresso	代々木	17・40	P.121-A1
	ギュウニュウショクパンセンモンテンミルク	牛乳食パン専門店みるく 渋谷店	渋谷	57	P.120-A1
	ギンザキムラヤ	銀座木村家	銀座	105	P.122-C2
	ギンザ「ツキトハナ」	銀座「月と花」	銀座	104	P.122-C2
▶	ギンザ フルーツ ブーン バイ ウツワ	GINZA FRUIT BOON by Utsuwa	有楽町	17・39	P.122-B1
	グリーン サム	GREEN THUMB	渋谷	18・63・77・79	P.120-A1
	ケポベーグルズ	Kepobagels	上北沢	79	P.118-B1
▶	ココアゲパン	COCO-agepan	表参道	65・103	P.121-A2
▶	コムギトコウボ ハマダヤ	小麦と酵母 濱田家	三軒茶屋	52・112	P.123-B2
▶	コムン トウキョウ	Comme' N TOKYO	九品仏	25・67・69	P.120-C1
サ ▶	ザ リトル ベーカリー トウキョウ	The Little BAKERY Tokyo	原宿	16・36・80・96	P.121-A2
	サンゲンチャヤノアカルイパンヤ ミカヅキドウ	三軒茶屋の明るいパン屋 ミカヅキ堂	三軒茶屋	112	P.123-B2
	サンビャクロクジュウゴニチ	365日	代々木八幡	18・109・116	P.121-C2
	サンビャクロクジュウゴニチトニホンバシ	365日と日本橋	日本橋	106	P.119-B4
▶	シーズ マン ベーカー	Seeds man BakeR	方南町	58・71・92・99	P.118-B2
▶	シーン カズトシ ナリタ	Scene KAZUTOSHI NARITA	麻布十番	11	P.119-C3
▶	シティ コーヒー セタガヤ	CITY.COFFEE.SETAGAYA	世田谷	17・76	P.123-B1
	シニフィアン シニフィエ	Signifiant Signifié	三宿	18・62・97・113	P.123-B2
	シニフィアン シニフィエ プラス	Signifiant Signifié + plus	銀座	10	P.122-C1
▶	ジュウニブン ベーカリー	JUNIBUN BAKERY	三軒茶屋	10・16・20・67・92	P.123-C2
	スザ ビストロ	SUZA bistro	北千住	67	P.117-A2
	スチームブレッド	STEAM BREAD	恵比寿	11	P.120-B1
	スミノエ シンジュクミロード・モザイクオリテン	墨繪 新宿ミロード・モザイク通り店	新宿	85	P.118-B2
	セントレ ザ ベーカリー	CENTRE THE BAKERY	銀座	17・56	P.122-B2
	ソンカ	SONKA	新高円寺	63・67	P.118-B1
タ ▶	ダイワ	ダイワ	中目黒	17・38	P.120-B1
	タカセ	タカセ池袋本店	池袋	86	P.118-A2
▶	ダカフェ	ダカフェ 恵比寿店	恵比寿	31・111	P.120-B1
▶	タグチ ベーカリー	TAGUCHI BAKERY	西荻窪	67・115	P.123-C2
	ダンディゾン	ダンディゾン	吉祥寺	69・115	P.123-C1
▶	チガヤ ベーカリー	Chigaya Bakery	蔵前	41	P.119-A4
▶	チセ ブレッド アンド ワイン	Cise Bread & Wine	根津	47	P.122-A2
	ティエリー マルクス ラ ブーランジェリー	THIERRY MARX LA BOULANGERIE	渋谷	83	P.120-A1
	デュヌ・ラルテ	デュヌ・ラルテ 青山本店	表参道	102	P.121-B2
	ドイツパンノミセ タンネ	ドイツパンの店 タンネ	水天宮前	107	P.123-A2
▶	トウキョウトウジャンセイカツ	東京豆腐生活	五反田	43	P.119-C3
▶	トラスパレンテ	TRASPARENTE	中目黒	17・41・73	P.120-B1
▶	トリュフ ベーカリー	Truffle BAKERY	広尾	17・27・67・77・91・92・116	P.120-A2
ナ ▶	ナカムラショクリョウ	中村食糧	清澄	18・71	P.119-B4
▶	ナショナルデパート	ナショナルデパート 東京工場	都立大学	90	P.118-C2
▶	ナンスカパンスカ	なんすかぱんすか	原宿	10・16・37・75	P.121-A2
▶	ナントカブレッソ	なんとかプレッソ	自由が丘	35	P.120-C2
▶	ナントカブレッソ ツー	なんとかプレッソ2	渋谷	82	P.120-A1
▶	ナンバー フォー	No.4	麹町	31	P.119-B3

	ニコラスセイヨウドウ	ニコラス精養堂	松陰神社前	65	P.123-B1
▶	ニソクホコウ コーヒー ロースターズ	二足歩行 coffee roasters	三軒茶屋	21	P.123-C2
▶	ニュー ニューヨーク クラブ	NEW NEW YORK CLUB	自由が丘	34・97	P.120-C2
▶	ニュー ニューヨーク クラブ ベーグル アンド サンドイッチ ショップ	NEW NEW YORK CLUB BAGEL & SANDWICH SHOP	麻布十番	16・43・97	P.119-C3
	ネツノパン	根津のパン	根津	18・45・52	P.122-A1
ハ	パーラーエコダ	パーラー江古田	江古田	31・61	P.117-B2
▶	バイキング ベーカリー エフ	Viking Bakery F	乃木坂	18・39・77・91・97	P.119-B3
▶	バイ ミー スタンド	BUY ME STAND	渋谷	17・76	P.120-A1
	バゲットラビット	baguette rabbit 自由が丘	自由が丘	17・32	P.120-C2
▶	パス	PATH	代々木公園	29・69	P.121-C2
	ハッピー キャンパー サンドウィッチーズ	Happy Camper SANDWICHES	原宿	103	P.121-A1
	パン デ フィロゾフ	Pain des Philosophes	神楽坂	23	P.119-A3
	パントエスプレッソト	パンとエスプレッソと	表参道	102	P.121-A2
▶	パントエスプレッソトジユウガタ	パンとエスプレッソと自由形	自由が丘	17・35・67	P.120-C2
	パントカフェ エダオネ	パンと café えだおね	荻窪	52・116	P.118-A1
	パンノペリカン	パンのペリカン	田原町	54	P.119-A4
	パンヤ コモレビ	PANYA komorebi	西永福	63・69・91・96	P.118-B1
	パンヤシオミ	パン屋塩見	南新宿	71	P.118-B2
	パンヤノドンスケ	パン家のどん助	東新宿	65・67・73・88	P.118-A2
▶	ビーバー ブレッド	BEAVER BREAD	日本橋	26・52・67・69・92・97・107・116	P.123-A2
	ヒルサイドパントリーダイカンヤマ	ヒルサイドパントリー代官山	代官山	68・110	P.120-B1
▶	ファクトリー	FACTORY	市ケ谷	18・28	P.119-B3
	ブーランジェリー エ カフェ マンマーノ	ブーランジェリー エ カフェ マンマーノ	代々木上原	108	P.121-C2
▶	ブーランジェリー ジャンゴ	Boulangerie Django	日本橋	17・22・67・73・92・107	P.123-A2
▶	ブーランジェリー ストウ	Boulangerie Sudo	松濤神社前	16・24・73・92	P.123-B1
▶	ブーランジェリー セイジ アサクラ	BOULANGERIE SEIJI ASAKURA	高輪台	26・52・67・69・75	P.119-C3
▶	ブーランジェリー ビストロ エペ	boulangerie bistro EPEE	吉祥寺	48	P.123-C1
	ブーランジュリー コメット	ブーランジュリー コメット	麻布十番	61	P.119-C3
▶	ブーランジュリー・ボネダンヌ	ブーランジュリー・ボネダンヌ	三宿	113	P.123-B2
▶	ブーランジュリー ラニス	boulangerie l'anis	代沢	18・60・71	P.123-B2
	ブーランジュリ シマ	Boulangerie Shima	三軒茶屋	67・74・91・97	P.123-C1
	ブール アンジュ	BOUL'ANGE 池袋東武店	池袋	69・86	P.118-A2
	ブールブールブランジェリ	ぶーるぶーるぶらんじぇり	八王子	125	P.118-A1外
	フェルム ラ・テール ビエイ	フェルム ラ・テール美瑛 コレド室町テラス店	日本橋	106	P.123-A1
	フジノキ	藤の木	西荻窪	65・75・114	P.123-C2
▶	フラウ クルム	FRAU KRUMM	恵比寿	43・97	P.120-B2
▶	ブリコラージュ ブレッド アンド カンパニー	bricolage bread & co.	六本木	31・49・71	P.119-B3
▶	ブリンチ ダイカンヤマティーサイト	ブリンチ 代官山T-SITE	代官山	42・110	P.120-B1
	ブルディガラ トウキョウ	BURDIGALA TOKYO	丸の内	84	P.119-B3
	ブレッドワークス	breadworks エキュート品川店	品川	87・96	P.119-C3
	ブレッドワークス	breadworks 表参道店	表参道	18・96・102	P.121-B2
	ベーカーズゴナベイク	BAKERS gonna BAKE!	丸の内	10	P.119-B3
	ベーカリーアンドレストラン サワムラ シンジュク	ベーカリー&レストラン 沢村 新宿	新宿	85	P.118-B2
	ベーカリーウサギザ レプス	ベーカリー兎座LEPUS	高円寺	88	P.118-B1
	ベーカリー サンチノ	ベーカリー サンチノ	渋谷	83	P.120-A1
	ベーカリーミウラ	ベーカリーミウラ	根津	57・62・96	P.122-A1
	ペリカンカフェ	ペリカンカフェ	蔵前	31・55	P.119-A4
	ポム ド テール	Pomme de terre	西荻窪	79・97・114	P.123-C2
	ボンジュール モジョモジョ	Bonjour mojo^2	根津	45・88	P.122-A1
マ ▶	マサモト	まさもと	下赤塚	46・91	P.117-A1
▶	マヨルカ	マヨルカ	二子玉川	43・91	P.117-C1
	マルイチベーグル	MARUICHI BAGEL	白金	78・96	P.119-C3
	ミニヨン	ミニヨン JR東日本池袋駅南改札横店	池袋	87	P.118-A2
	メゾン イチ	MAISON ICHI 代官山店	代官山	110	P.120-B1
	メゾン ランドゥメンヌ	Maison Landemaine麻布台	麻布台	68	P.119-B3
	メゾン ランドゥメンヌ	Maison Landemaine新宿伊勢丹	新宿	80	P.118-B2
▶	モアザン ベーカリー	MORETHAN BAKERY	西新宿	30・81・91	P.118-B2
ヤ	ユニバーサル ベイクス アンド カフェ	UNIVERSAL BAKES AND CAFE	代田	18・81・92・96	P.118-B2
	ヨルノパンヤサン	夜のパン屋さん(かもめブックス)	神楽坂	100	P.119-B3
ラ	ランチパックショップ	ランチパックSHOP	秋葉原	125	P.119-A4
	ルヴァン	ルヴァン 富ヶ谷店	代々木八幡	71・109	P.121-C2
▶	ル・グルニエ・ア パン	ル・グルニエ・ア・パン麹町店	麹町	42	P.119-B3
	ル プチメック	Le Petit Mec 日比谷店	日比谷	104	P.122-C1
	ル・ルソール	Le Ressort	駒場東大前	11・65・67・116	P.118-B2
▶	レカー	Laekker	代官山	17・27・73	P.120-A1
	レブレッソ	LeBRESSO目黒武蔵小山店	武蔵小山	57・92・99	P.118-C2
ワ	ワイズサンズ トウキョウ	Wise Sons Tokyo	丸の内	78	P.119-B3

STAFF

Producer
福井由香里

Editors & Writers
中西奈緒子、辻村加菜子、田喜知久美、佐志いずみ、堀家かよ、西澤咲子

Photographers
ウシオダキョウコ、松本光子、福井由香里、©iStock

Designers
上原由莉、竹口由希子、岡崎理恵、稲岡聡平、久保田りん、モノストア（佐藤菜子、熊田愛子）

Illustration
みよこみよこ

Maps
株式会社アトリエ・プラン

Illustration map
みよこみよこ

Proofreading
株式会社東京出版サービスセンター（川畑里佳子）

Special Thanks to
阿武梨里、荒川安奈、JR東日本、東京メトロ、関東バス、日の丸自動車

地図の制作にあたっては、インクリメント・ピー株式会社の地図データベースを使用しました。
©2020 INCREMENT P CORPORATION & CHIRI GEOGRAPHIC INFORMATION SERVICE CO., LTD.

地球の歩き方 aruco 東京のパン屋さん

2021年11月2日　初版第1刷発行

著作編集	地球の歩き方編集室
発行人・編集人	新井邦弘
発行所	株式会社地球の歩き方 〒141-8425　東京都品川区西五反田2-11-8
発売元	株式会社学研プラス 〒141-8415　東京都品川区西五反田2-11-8
印刷製本	開成堂印刷株式会社

※本書は2021年4～8月の取材に基づいていますが、営業時間と定休日は通常時のデータです。新型コロナウイルス感染症対策の影響で、大きく変わる可能性もありますので、最新情報は各施設のウェブサイトやSNS等でご確認ください。また特記がない限り、掲載料金は消費税込みの総額表示です。

更新・訂正情報 URL https://book.arukikata.co.jp/support/

✉ **本書の内容について、ご意見・ご感想はこちらまで**

〒141-8425　東京都品川区西五反田2-11-8
株式会社地球の歩き方
地球の歩き方サービスデスク「aruco 東京のパン屋さん」投稿係
URL https://www.arukikata.co.jp/guidebook/toukou.html

地球の歩き方ホームページ（海外・国内旅行の総合情報）
URL https://www.arukikata.co.jp/

ガイドブック『地球の歩き方』公式サイト
URL https://www.arukikata.co.jp/guidebook/

● **この本に関する各種お問い合わせ先**
・本の内容については、下記サイトのお問い合わせフォームよりお願いします。
　URL https://www.arukikata.co.jp/guidebook/toukou.html
・広告については　Tel ▶ 03-6431-1008（広告部）
・在庫については　Tel ▶ 03-6431-1250（販売部）
・不良品（乱丁、落丁）については　Tel ▶ 0570-000577
　学研業務センター　〒354-0045　埼玉県入間郡三芳町上富279-1
・上記以外のお問い合わせは　Tel ▶ 0570-056-710（学研グループ総合案内）

Line up! arucoシリーズ

国内
- 東京
- 東京で楽しむフランス
- 東京で楽しむ韓国
- 東京で楽しむ台湾
- 東京の手みやげ
- 東京おやつさんぽ
- 東京のパン屋さん

海外

ヨーロッパ
- ① パリ
- ⑥ ロンドン
- ⑮ チェコ
- ⑯ ベルギー
- ⑰ ウィーン／ブダペスト
- ⑱ イタリア
- ⑳ クロアチア／スロヴェニア
- ㉑ スペイン
- ㉖ フィンランド／エストニア
- ㉕ ドイツ
- ㉜ オランダ
- ㊱ フランス
- ㊲ ポルトガル

アジア
- ② ソウル
- ③ 台北
- ⑤ インド
- ⑦ 香港
- ⑩ ホーチミン／ダナン／ホイアン
- ⑫ バリ島
- ⑬ 上海
- ⑲ スリランカ
- ㉒ シンガポール
- ㉓ バンコク
- ㉗ アンコール・ワット
- ㉙ ハノイ
- ㉚ 台湾
- ㉞ セブ／ボホール／エルニド
- ㊳ ダナン／ホイアン／フエ

アメリカ／オセアニア
- ⑪ ニューヨーク
- ⑨ ホノルル
- ㉔ グアム
- ㉘ オーストラリア
- ㉛ カナダ
- ㉝ サイパン／テニアン／ロタ
- ㉟ ロスアンゼルス

中近東／アフリカ
- ④ トルコ
- ⑧ エジプト
- ⑭ モロッコ

URL https://www.arukikata.co.jp/guidebook/enq/arucotokyo2

感想教えてくださ〜い♪

読者プレゼント
ウェブアンケートにお答えいただいた方のなかから抽選ですてきな賞品を多数プレゼントします！詳しくは下記の二次元コード、またはウェブサイトをチェック☆

応募の締め切り
2022年10月31日

© Arukikata. Co., Ltd.
本書の無断転載、複製、複写（コピー）、翻訳を禁じます。
本書を代行業者等の第三者に依頼してスキャンやデジタル化することは、たとえ個人や家庭内の利用であっても、著作権法上、認められておりません。

All rights reserved. No part of this publication may be reproduced or used in any form or by any means, graphic, electronic or mechanical, including photocopying, without written permission of the publisher.

学研の書籍・雑誌についての新刊情報・詳細情報は、下記をご覧ください。
学研出版サイト　URL https://hon.gakken.jp/